转基因

是轮盘赌吗

[美]Bruce Chassy　David Tribe　Atte von Wright　著

寇建平　何艺兵　译

中国农业出版社

图书在版编目（CIP）数据

转基因是轮盘赌吗/（美）沙西（Chassy，B.），
（美）特莱伯（Tribe，D.），（美）怀特（Wright，A.）著；
寇建平，何艺兵译．—北京：中国农业出版社，
2015.10
ISBN 978-7-109-21046-2

Ⅰ．①转… Ⅱ．①沙…②特…③怀…④寇…⑤何
…Ⅲ．①转基因技术—研究 Ⅳ．①Q785

中国版本图书馆 CIP 数据核字（2015）第 253882 号

中国农业出版社出版
（北京市朝阳区麦子店街 18 号楼）
（邮政编码 100125）
责任编辑 宋会兵 吴丽婷

中国农业出版社印刷厂印刷 新华书店北京发行所发行
2015 年 11 月第 1 版 2015 年 11 月北京第 1 次印刷

开本：889mm×1194mm 1/32 印张：7.375
字数：180 千字
定价：20.00 元
（凡本版图书出现印刷、装订错误，请向出版社发行部调换）

译 者 的 话

　　《转基因大赌局》是杰弗里·史密斯所著第二部充斥着反对生物技术不实言论的书。在该书中,他详细阐述了65项独立的言论,指出转基因技术通过各种方式造成的危害。美国学术评论网采用了与《转基因大赌局》章章对应的结构,也分8章将其中的每一项言论与经过同行审议的科学结论进行比较,并把《转基因大赌局》的虚假言论也一一列出,便于读者分析判断,得出自己的结论,从而起到消除疑虑,以正视听的作用。基于这一认识,特将该网相关内容翻译成中文,与大家分享,希望对读者科学理性认识转基因有所裨益。

译　者

目　录

1

第 1 章
转基因作物的 20 大现代传言

1.1 普兹泰的有缺陷的言论

阿帕德·普兹泰在一些有缺陷的且无确定结果的实验的基础上提出了有关转基因马铃薯的言论。

《转基因大赌局》的虚假言论：

转基因土豆对大鼠造成伤害。

给大鼠喂食可产生自然杀虫剂的转基因马铃薯。

这些大鼠的消化道和其他器官出现了大面积损伤。

导致所观察到的大鼠体内的变化的原因是转基因技术。

1998 年伊文和阿帕德·普兹泰声称通过实验发现，给大鼠分别饲喂转基因马铃薯和非转基因马铃薯，大鼠肠道内壁的厚度出现了差异。这一研究结果被刊登在次年的英国医学杂志《柳叶刀》上。

经过同行评议的研究分析表明：

由英国皇家学会和世界各国监管部门的食品安全科学家组成的专家组共同得出结论：普兹泰的研究不能从任何方面证明转基因马铃薯是不安全的。虽然普兹泰在全球到处制造对转基因作物的恐慌，但是具有讽刺意味的是，即

1

使普兹泰的研究是正确的，那也只能证明实验用的那种马铃薯是不安全的，而不能证明他所声称的所有转基因作物都是不安全的。事实上，这些有疑问的马铃薯只是用于某个研究项目的，从未被提交给监管部门，也从未被商业化过。

（1）专家说普兹泰的研究不能得出任何科学结论。两个独立的专家组分别对普兹泰的研究进行评审，并得出如下结论：无论是实验设计还是实验操作都存在致命缺陷，因此该研究无法得出科学的结论（英国皇家学会，1999；Fedoroff 和 Brown，2004）。史密斯没有向我们提及这一点。在刊登普兹泰研究结果的同一期《柳叶刀》中，编辑们还刊登了一篇对此研究进行批判性分析的文章（Kuiper，1999），而媒体在对普兹泰研究结论的批判性分析上所花的时间和篇幅微乎其微。

（2）并未在各组动物之间发现不同。专家在审查了数据之后称，在实验组和对照组之间不存在有意义的差异。同样的细胞差异可以在所有组看到，无论饲喂转基因马铃薯与否，而且实验使用的动物的数量太少，使得结果不具备统计意义（英国皇家学会，1999）。

（3）研究设计的缺陷和不合理的膳食注定了研究的失败。实验中，大鼠的膳食缺乏蛋白质，不同组大鼠的饮食不同。给其中一些大鼠饲喂的是生马铃薯——生马铃薯对大鼠是有毒的，可能会对大鼠的胃肠细胞产生干扰。给3组大鼠饲喂的是3个不同品种的马铃薯（英国皇家学会，1999）。

（4）科学研究应该发表在经过同行评审的文献上，而不是电视上。科学家应该将他们的发现提交同行评审，并发表在科学杂志上。在对普兹泰的发现进行评审时，英国皇家学会认为科学家应该把他们的研究送交给期刊（英国皇家学会，1999）。当然，同行评审并不总是能够保证研究者的结论是可靠的。《柳叶刀》不顾评审者的反对，还是发表了伊文和普兹泰的论文（http：//news. bbc. co. uk/1/hi/sci/tech/472192. stm）。有些期刊由于被误导，可能会出于公平和平衡的考虑，刊登一些对转基因作物安全性下结论的不可靠的论文（Shantharum 等，2008）。

1.2　转基因番茄被证实是安全的

转基因番茄不会杀死大鼠。

《转基因大赌局》的虚假言论：

给大鼠喂食转基因番茄导致大鼠胃部出血，以及一些大鼠的死亡。

（1）连续 28 天给大鼠喂食"佳味"转基因番茄。

（2）20 只大鼠中有 7 只出现胃部出血，另外 40 只大鼠中有 7 只在两周内死亡。

《转基因大赌局》声称在 1993 年就有大鼠在吃了"佳味"转基因番茄后死亡，但是美国食品药品管理局还是批准了这一产品。

经过同行评议的研究分析表明：

转基因番茄会导致大鼠死亡这一言论反映了《转基因大赌局》这本书的一个反复出现的问题——没有准确地描述事实。美国食品药品管理局的记录清楚的显示，专家指出胃管的使用可能会损伤大鼠的胃部，或将试验材料误导入肺部。史密斯声称发生了一些大鼠死亡的事件，但监管部门的讨论谈的是胃部的腐蚀，而没有说到死亡。史密斯没有告诉读者后来有人重复了这一研究，结果没有发现胃部腐蚀的情况。他也没有告诉读者监管部门之所以批准了这个品种的番茄是因为他们所有的担忧都被排除了，并确信转基因番茄没有毒性。事实上，读者如果相信史密斯，那就是相信美国食品药品管理局会批准一个有致命危险的产品。

研究中并未在不同组的动物之间发现实质性差别。与史密斯的言论相反的是，病理学专家声明在饲喂转基因番茄和非转基因番茄的大鼠中都发现了相同程度的轻度胃部腐蚀症状（欧盟委员会，2000；美国食品药品管理局，1994）。

不存在动物死亡的证据。史密斯给出的关于大鼠死亡的数据和细节的真实性值得怀疑。史密斯有可能将"坏死""死亡细胞"等词与动物的死亡混为了一谈。如果真的发生了动物的死亡，那势必会引起监管部门的关注，但是仔细阅读政府的监管记录后发现其中从未提及动物的死亡。

病理学家说插入胃管的过程可能会造成伤害。《转基因大赌局》没有公开病理学家的结论——在实验室实验中，偶尔会发生将试验材料误导入大鼠肺部的情况，从而对大鼠造成伤害（美国食品药品管理局，1994）。《转基因大赌局》还忽略了另一个更重要的专家结论，即转基因番茄并不是导致动物体内产生损伤的原因，胃部的损伤有可能是由于长期禁食引起的酸中毒所造成的（美国食品药品管理局，1993）。

　　令人关注的是，摄入太多的番茄本身可以导致大鼠死亡。这一研究显示了用天然食物进行饲喂实验的难度。该实验中，大鼠摄入的番茄量相当于人体每日摄入 10～12 个大番茄。另外的一些研究显示当给大鼠饲喂的番茄量达到相当于人体每日摄入 13 个时，有一半的大鼠会死亡，因为番茄中含有大量的钾，而过量的钾可以致死（Chassy 等，2004；MacKenzie，1999）。

　　在对有关动物研究的言论进行评审时应该本着十分谨慎的态度。正确地进行天然食物饲喂实验是十分困难的。此类研究在设计、操作和分析方面都需要十分地小心。研究员在复制和检验得到的结果时必须十分地仔细，因为经常会出现误判的情况（Parrott 和 Chassy，2009）。到目前为止，没有一项严谨的关于转基因食品的动物研究显示转基因食品会产生任何不良反应（欧盟食品安全局，2008）。这并不应该使我们感到惊讶，因为这些产品在上市之前都经过了谨慎的安全性评价。更重要的是，没有任何科学的理由让我们认为这些产品会产生新的或不同的风险。

　　在文章中，作者称这些研究也是由他撰写的："这是更为严重的情况，因为在 40 只吃了转基因番茄的大鼠中有 7 只在两周内死亡。"这些死亡的性质不明确，且无确定的证据表明该死亡与摄入转基因番茄无关。根据某次监管部门的讨论文件来看，这一言论（普兹泰等，2003）显然是不正确的。虽然史密斯没有在《转基因大赌局》中引用这一言论，但它有可能就是转基因番茄致死大鼠这一传言的根源。

1.3 转 Bt 基因的抗虫玉米（Bt 玉米）的数据不会说谎

抗虫的转基因玉米已经经过实验室安全研究的反复仔细审查，确保了其至少具有和传统玉米品种同等的安全性。

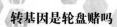

《转基因大赌局》的虚假言论：

饲喂转 Bt 基因的抗虫玉米引发了大鼠健康的多重问题。

用孟 863Bt 玉米饲喂大鼠 90 天。

大鼠的血细胞，肝和肾出现了显著的变化，可能是疾病的反应。

孟山都公司对这些实验关键解释的回应是不科学的且矛盾的。

孟山都公司曾经推出一个名为孟 863 的转基因玉米品种。经过广泛的对大鼠影响的试验，发现这一品种对大鼠的某些影响与其亲本（传统品种）不同。

经过同行评议的研究分析表明：

大家都听说过本杰明·迪斯雷利的名言："世界上有谎言、该死的谎言和统计数字"。吉勒·塞拉里尼声称孟山都的数据显示食用孟 863 玉米的大鼠和对照组之间出现了具有统计意义的差别。我们需要认识到一点的是，如果进行大量的数据比较，那么一定会有少量的比较显示出看似具有统计意义的差别。事实上，统计学家必须选择如何对"差异"进行定义，定义的范围越小，则差异越多。塞拉里尼篡改了数据，使得由转基因玉米和传统玉米得出的结果之间的差异看起来要大于孟山都公司发现的差异。

一个检验虚假差异的途径是看食用不同数量玉米的大鼠身上是否出现了成相应比例的差异。在这一案例中，玉米占总膳食比例为 11％的大鼠群体表现出来的差异却没有在玉米占总膳食比例 33％的大鼠群体身上显现，因此此种差异是不真实的。更重要的是，专家们已经一致得出结论，所有这些差异都没有生理学意义——也就是说，不会对动物造成任何损害。

（1）动物研究专家已经同意了孟山都公司的分析，而否定了塞拉里尼的言论。世界各地的科学家和监管机构已多次重复了孟 863 玉米的实验室安全检测，尤其是与《转基因大赌局》中引用的塞拉里尼担忧的相关部分。这些专家在经过同行评审的科学文献中再次肯定了孟 863 玉米的安全性，而史密斯没有告诉读者专家们已经否定了塞拉里尼的言论（塞拉里尼等，2007；Doull 等，同时参见欧洲食品安全局评论 http：//www. efsa. europa. eu/EFSA/efsa＿locale‐1178620753812＿1178621165358. htm）。

（2）《转基因大赌局》没有向我们介绍其他研究。史密斯省略了其他任何证明孟 863 是安全的已发表的实验室研究结果（Taylor 等，2003；Grant 等，2003）。

（3）塞拉里尼关于这个玉米品种的报告中包含统计分析错误。生物系统总是表现出一定的个体差异。例如，一群动物的平均体重是 20 克，其中有些动物的体重可能是 10 克，而另外一些动物体重可能是 30 克。

我们可以通过统计学的方法来判定某只动物的体重是处于它所在群体的体重的正常范围之内，还是和正常体重有实质性差异。打个比方来说，射箭的人射中一个较大的靶子的概率要比射中一个较小的靶子的概率要高得多。因此，统计学家必须说明"靶子"的大小。塞拉里尼选用的统计方法——"较小的靶子"，使得试验结果表现出更多的差异，但是大多数专家都不会采用这一方法。《转基因大赌局》没有告诉我们，塞拉里尼实际上证实了孟山都公司的分析。

（4）塞拉里尼所说的差异并不是在所有条件下都能观察到的，且没有生理学意义。一个检验观察到的差异是实质性差异还是偶然性差异（误判）的方法是：给两组大鼠饲喂不同数量的受检测玉米——分别占这两组大鼠膳食总量的 11％ 和 33％。在这一研究中，11％ 这组大鼠产生的反应在 33％ 这组大鼠身上并没有加强。这一点足以证明这些差异是属于误判的情况，但是塞拉里尼对此置之不理。也许更重要的一点是，病理学专家研究了这些差异，并认定这些差异没有生理学意义，且不会引起动物的任何不良反应。因此，塞拉里尼和史密斯实际上是在利用没有意义的差异来制造恐慌。

1.4　这些甚至不是转基因马铃薯！

小鼠饲喂实验显示，与传统的植物保护措施相比，利用转基因技术使作物产生 Bt 蛋白是更安全的植物保护措施。

《转基因大赌局》的虚假言论：

饲喂转基因马铃薯的小鼠出现肠道损伤。

（1）给小鼠饲喂可以产生 Bt 毒素的转基因马铃薯或者自然存在的 Bt 毒素含量高的马铃薯。

（2）这两种膳食都导致了小肠后端的生长异常和增生。

（3）对人体小肠的类似损伤可能会导致失禁或类似流感的症状，也有可能会起癌变。

这一研究推翻了当进入哺乳动物体内时，Bt 毒素会在消化过程中被破坏，不具有生物活性的假设。

《转基因大赌局》声称 Fares 和 El-Sayed 在 1998 年发现的一种传统、非转基因细菌的 Bt 毒素所产生的影响同样存在于在含该种 Bt 毒素的转基因马铃薯中，之后又对该种转基因马铃薯下了一系列论断。

经过同行评议的研究分析表明：

在这一研究中，很明显地，小鼠肠内的轻度变化是由从细菌中分离出来的 Bt 蛋白制剂引起的。专家认为这种变化是由于细菌制剂不纯造成的，很重要的一点是，有些细菌会产生多种毒素蛋白。转基因马铃薯本身不会产生这样的影响。认为转基因马铃薯会造成小鼠肠道损伤这一言论的根据是之前的一篇论文，而该论文的作者得出的结论仅是：需要对转基因作物进行可靠的安全性评价，以防止可能会产生的不良反应。转基因作物在得到监管机构批准前都必须经过多年的谨慎的安全性研究。如果要说研究有什么发现的话，那就是通过转基因技术使作物产生 Bt 蛋白来抗病虫害的方法比传统的植保方法更安全。

（1）史密斯提到的研究人员 Fares 和 El-Sayed 并没有

对转基因马铃薯进行研究！杰弗里·史密斯张冠李戴的把对添加了非转基因细菌产生的 Bt 毒素的传统马铃薯的研究结果安放到了转基因马铃薯上，因此，他对于可能的健康影响的推断与植物转基因无关。Bt 蛋白的安全使用已经有很长的历史了，包括有机种植者的长期使用，对其安全性的考察已有丰富的文献资料。

（2）Fares 和 El-Sayed 所得出的负面影响很有可能是由于毒素污染造成的，他们用来生产 Bt 蛋白的是特征不明的菌种。Fares 和 El-Sayed 的研究中提到该细菌是一种名为 HD14 的苏云金芽孢杆菌（Bt）kurastski 的血清变型，但事实上 HD14 是一种苏云金芽孢杆菌（Seigel，2001）。从细菌中分离的苏云金芽孢杆菌经常会被与之无关的强效毒素污染（Seigel，2001）。像史密斯这样的非专家人士通常不会意识到苏云金芽孢杆菌原制剂中经常混有与之无关的细胞毒素。

（3）没有对转基因技术下任何负面的结论。史密斯说"这一研究认为对肠壁细胞的损伤是由 Bt 毒素造成的"要注意的是，史密斯说的不是转基因马铃薯，而是从特征不明的菌种中分离出来的不纯的非转基因苏云金芽孢杆菌制剂。

（4）Fares 的 El-Sayed 的研究方法有严重的缺陷。他们没有确定所使用苏云金芽孢杆菌制剂的纯度（这是非常关键的一点，上文已经谈到过毒素的问题）。另外，他们也没有计量动物摄入苏云金芽孢杆菌的剂量或孢子数，使得其他科学家无法重复这一实验。像《转基因大赌局》里讲到的其他很多事件一样，Fare 和 El-Sayed 发表这一研究结果已有十年之久，之后没有人重复或验证过这一研究，而在这期间有很多其他研究证实了苏云金芽孢杆菌的安全性，但这些研究《转基因大赌局》都没有向读者提到。

参考文献：

Betz FS，Hammond BG，Fuchs，RL. 2000. 利用受苏云金芽孢杆菌保护的植物进行病虫害防治的安全性和优势[J]. 监管毒理学和药理学（32）：156 - 177.（一篇总结 Bt 蛋白在农业病虫害防治领域的应用的重要评论，提供了支持 Bt 蛋白具有百万倍的安全边际这一观点的关键数据。）

Fares NH，El Sayed AK. 1998. 饲喂了加入 δ 内毒素的马铃薯和转基因马铃薯的小鼠回肠内的细小变化 [J]. 天然毒素（6）：219 - 233.

Siegel JP. 2001. 基于苏云金芽孢杆菌的杀虫剂对哺乳动物的安全性 [J]. 无脊椎动物病理学杂志（77）：13 - 21.

1.5　转 Bt 基因抗虫棉花对工人比农药对工人更安全

印度的棉花工人因不明原因产生过敏症状。

《转基因大赌局》的虚假言论：

接触 Bt 棉花的工人发生了过敏。

（1）采摘过转基因 Bt 棉花的农业工人和 6 个村庄的村民出现了皮肤、眼睛和上呼吸道症状。

（2）有一些工人需要住院治疗。

（3）一个轧棉厂的工人每天都要服用抗组胺剂。

（4）有一位医生治疗了 250 个棉花工人。

一项初步研究对 23 人进行的访谈，发现了印度若干个村庄的棉花工人身上的过敏症状。

转基因是轮盘赌吗

经过同行评议的研究分析表明：

最近四、五年，在印度流传着转 Bt 基因抗虫棉花（Bt棉花）会导致人过敏和其他疾病的说法。没有任何公开发表的研究记录了此类事件的真实性，即便是非政府组织在谈到这一说法时，也会比较谨慎。杰弗里·史密斯之所以未经验证就在书中引用这一言论是因为这一言论能够为他所用。目前，世界上一半的棉花都是 Bt 棉花，每天都有上百万人在接触 Bt 棉花，常识告诉我们如果它真的会造成不良反应，那么我们肯定已经认识到了。苏云金芽孢杆菌作为一种杀虫剂已经有 50 年的安全使用的历史了（见 3.4 节）。

（1）上百万接触 Bt 棉花的人都没有反映出现过敏或其他问题。在印度有 380 万小农种转基因抗虫棉花，在中国有 710 万小农种转基因抗虫棉花（2007）。虽然种植面积很广，除了印度的这一说法之外，这些农民没有反映过 Bt 棉花和过敏之间存在任何联系，显得有些出乎意料。现实中，高剂量的含有毒素、孢子和完整菌体的苏云金芽孢杆菌制剂原液在上百万人的周围使用过，但引起不良反应的情况是极少的（Seigel，2001；Betz 等，2000；Whalon 等，2003）。

（2）Bt 棉花很可能对工人更加安全。有可靠证据表明在中国，Bt 棉花品种降低了小农和有害人工合成农药的接触，减少了农药中毒事件的数量。世界卫生组织告诉我们每天有 25 万余农民死于农药，其中有很多可能是自杀行为（WHO，2006）。种植 Bt 棉花可减少 80%～95%的农药使用量（Brooks 等，2007）。

（3）这一言论是基于一份从反转基因激进人士那里得来的道听途说的报告。杰弗里·史密斯引用的报告来自于一个公开反对转基因的激进组织。然而，这一组织将他们的报告定为初步报告，并注解说这一报告只是基于对数量很少的人的访谈而形成的。史密斯比那些公开的转基因反对者还要大胆。

（4）没有任何真正的医学证据。书中没有给出 Bt 棉花导致过敏的证据，也没有告诉读者工人在种植非转基因棉花时或在转基因棉花问世之前是否有过这些症状。

（5）《转基因大赌局》无视公开发表的研究。有数不清的安全性研究都没能发现 Bt 棉花可能产生的不良反应，而 Bt 棉花的数量占目前全球棉花总量的一半以上。Bt 棉花使得农药的使用量下降了 80％～95％。

1.6　转 Bt 基因抗虫棉花对绵羊比农药对绵羊更安全

绵羊吃了转 Bt 基因抗虫棉花（Bt 棉花）不会死亡。

《转基因大赌局》的虚假言论：

在 Bt 棉田里放牧的绵羊死亡。

（1）在印度的一些地方，在棉花采摘完成后，羊群会到棉田里啃食棉花植株。

（2）来自 4 个村庄的报告显示约有 25％的绵羊在一周之内死亡。

（3）尸检显示有中毒反应。

印度的这种绵羊在食用了 Bt 棉花后死亡的说法基本上没有记载。

经过同行评议的研究分析表明：

转基因是轮盘赌吗

这是一个分析起来很困难的案例，因为没有实实在在的证据。这里有的是来自反对转基因作物界的类似传闻轶事的言论，而几乎没有对绵羊死亡的科学解释。但我们已知的是这些羊看起来像是死于农药中毒而不是因为与 Bt 棉花的接触。在实验室研究中，动物被喂以大量的 Bt，但没有任何生病的迹象。我们可以看到的一线希望是 Bt 棉花的应用，可以降低 80%～95% 的化学农药使用量，可以让农民、他们的村庄和羊群更安全。杰弗里·史密斯复述一个没有可靠记录的案例是不理性的。

早在种植 Bt 棉花之前，就发生过在棉田里放牧的绵羊死亡的情况。确实存在反映在 Bt 棉田里放牧的绵羊死亡的报告。史密斯记录的这些报告来自于一些公开反对转基因技术的群体。作为这类报告的来源，这些群体大多数所做的只是对转基因横加指责并要求对该现象做进一步的调查。不幸的是，对贫穷的农民来说，在转基因棉花出现之前，就发生过羊群因为在田里放牧而死亡的现象，也发生过羊群在没有种转基因棉花的田里放牧后死亡的现象。对于与 Bt 棉花无关的羊群死亡事件，已经有了很好的科学解释。由植物本身产生的化学物质如氰化物、草酸、硝酸盐或是被杀虫剂或真菌毒素污染的牧草引起羊群中毒的事件并不少见（Mayland 等，1995；Wang 等，1996）。

绵羊看上去像是急性中毒死亡。兽医们检查了一些死亡的绵羊，指出这些绵羊的症状显示它们接触了有毒物质（史密斯的说法）。

农药中毒或硝酸盐中毒可能是导致绵羊死亡的原因。兽医们认为可能性最大的死亡原因是农药中毒。他们发现了急性中毒的病理学迹象，也不能排除有可能是硝酸盐或棉酚中毒（棉酚是棉花植株自带一种天然有毒成分）。其他的一些研究显示，硝酸盐在棉花中的高含量也许可以解释绵羊的死亡（Karihaloo 等，2009）。

Bt 的安全使用已经有很长的历史，对哺乳动物无毒。Bt 对哺乳动物完全没有毒性，没有任何兽医或毒理学家提出过 Bt 棉花是导致绵羊死亡的原因的说法（Siegel，2001；Betz 等，2000；Whelon 等，2003）。

Bt 棉花的分布很广，但是有关其引起问题的报告却不常见。全世界种植的棉花一半是 Bt 棉花，种植人数超过 1 000 万，但是他们中没有人反映过与这个案例相类似的问题（http：//www.isaaa.org；Brookes 等，2007）。Bt 棉花的推广使得农药的使用大幅减少，也许可以进一步减少人或动物的农药中毒事件——抗虫作物的一大优势就是人们几乎不需要对这些作物施用农药。

1.7　没有证据能够证明花粉会导致疾病

吸入 Bt 花粉不会引发人体疾病。

《转基因大赌局》的虚假言论：

人体吸入 Bt 玉米花粉会导致疾病。

（1）2003 年，在菲律宾，有约 100 个住在一片 Bt 玉米地附近的人出现了皮肤、呼吸系统、肠道及其他症状，当时正值该片玉米的传粉期。

（2）血液检测显示其中有 39 人体内含有抗 Bt 毒素的抗体，这一结果支持但无法证明花粉和疾病之间的连续。

（3）2004年，在至少4个村庄的居民中再次出现了这些症状，而这些村庄种植的是也是同一个玉米品种。

（4）村民还把一些动物的死亡原因归结为这种玉米。

有人声称在菲律宾，居住在 Bt 玉米田附近的人们出现了各种他们自认为是由 Bt 玉米造成的过敏反应及其他病症。

经过同行评议的研究分析表明：

这些无根据的言论来自于挪威的反转基因排头兵们。这些人没有给出数据，也没有发表文章来支持这一言论。但不管这些言论多么牵强，杰弗里·史密斯在书中还是把它们当作科学的观测结果一样来引用，而没有告诉读者医生和政府监管人员已经仔细调查了这些言论，并排除了 Bt 玉米与所述疾病之间的关系。调查者发现事实上这个案例中并不存什么特别的医学问题。Bt 玉米没有危害这一点其实我们事先可以就料到了，因为 Bt 玉米的花粉中所含 Bt 的量是极少的，而且不会漂移到距离玉米地很远的地方。Bt 玉米花粉在世界上其他地方都没有引起过问题。

没有证据表明有任何特殊的事情发生。提出这一言论的是一个叫 Terje Traavik 的挪威科学家，而他承认自己是转基因作物的反对者。他的这一言论没有科学证据的支持。这一言论的报告没有在经过同行评审的期刊上发表，而是主要基于一次新闻发布会上的发言形成的。Traavik 对其他科学家请求他公开数据的要求置之不理（农业生物世界组织，2004）。

不居住在 Bt 玉米田附近的村民和居住在 Bt 玉米田附

　　近的村民有同样的健康问题。菲律宾的医务人员在对本案例中的村民进行了检查后认为他们患有普通感冒、流感和其他一些与 Bt 玉米或玉米花粉无关的病，并指出不在玉米田附近居住的人有同样的健康问题。

　　Bt 玉米的种植范围很广，但是没有从其他地方听到过类似问题的反映。事实上，虽然全世界有上百万的农民种植 Bt 玉米，种植面积达到了上亿亩，但是在其他地方没有人反映过类似问题（Brookes 等，2007）。

　　Bt 喷雾在农业和林业领域的使用已经有 50 多年的历史了。高浓度的 Bt 喷雾已经在农业中使用多年，引起的不良反应十分少见，其中记载为是由 Bt 本身造成不良反应更少。对 Bt 的过敏现象或不良反应是极为罕见或不存在的（Seigel，2001）。

　　接触玉米花粉几乎不可能导致任何健康问题。Bt 玉米花粉中 Bt 的含量极低，且玉米花粉的密度很大，99％的花粉会落在离玉米地 5 米以内的地方。另外，玉米的授粉期很短，只有一周的时间（Pleasants 等，2001）。

　　人体血液中含有抵抗很多种蛋白的抗体，但对这些蛋白中的很多蛋白我们并不会过敏。这个案例中提到的这类抗体（IgG）与人体的过敏无关。即便是证实了史密斯所说的抗体确实存在（IgG 型抗体），这类抗体也和食物过敏无关，与食物过敏相关的是 IgE 型抗体。人体血液中含有抵抗多种非致敏性蛋白的抗体。另外一种与 IgG 型抗体完全不同的抗体（IgE）是与食物过敏相关的，但不必然导致过敏反应。Traavik 没有把他所说的抗体的相关数据和其他科学家或公众分享。

1.8 霉菌毒素引起繁殖障碍

猪和牛不会因为食用转基因玉米而导致繁殖障碍。

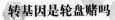 **《转基因大赌局》的虚假言论：**

农民报告说猪和牛在吃了转基因玉米后不育。

（1）在北美洲，有二十几名农民报告说猪吃了转基因玉米后出现怀孕率低、假孕或产下的只是一包羊水的现象。

（2）公猪和母猪都出现不育现象。

（3）有些农民也报告了牛的不育现象。

《转基因大赌局》声称猪和牛在吃了 Bt 玉米后发生繁殖障碍，有一些甚至出现不育。

经过同行评议的研究分析表明：

科学文献中对于牲畜繁殖障碍的讨论已有很长的历史，但却没有任何一篇把食用 Bt 玉米和史密斯所说的这个问题联系起来。食物中的毒素通常是导致动物繁殖障碍和死亡的原因。如果饲料受到由霉菌产生的霉菌毒素（如烟曲霉毒素、麦角毒素、黄曲霉素 B_1、玉米烯酮）的污染，那么就会引发这样的后果。科学文献说明了 Bt 玉米在多种动物身上做过彻底的试验，没有发现任何不良反应，并指出 Bt 玉米的霉菌毒素含量，例如烟曲霉毒素的含量，一贯要低于传统玉米，因此对动物的健康有益。在此背景下，我们很难相信《转基因大赌局》竟然把这个至多是一个经典的逻辑谬误——"后此谬误"的言论当作事实来引述。

（1）所报告的繁殖障碍与转基因玉米无关。史密斯没

18

有提到艾奥瓦州立大学的调查人员已得出结论，认为本案例中的动物死亡和繁殖障碍与动物吃的是转 Bt 基因的玉米这一事实无关（Carr 和 Munkvold，未发表；http：//www. iastate. edu/news/releases/02/oct/psuedopreg. shtml）。他们将玉米烯酮作为最有可能的原因进行调查，但是，回溯性的调查无法得到一个确切的结论。严谨的科学研究要求对一个假设做直接检验，但这在回溯性案例研究中是很难做到的。即便如此，我们仍然感到不解，史密斯为什么没有把大学研究人员怀疑 Bt 玉米不是造成繁殖障碍的原因这一调查结果告诉读者。

（2）造成繁殖障碍的一个常见原因是食物中的霉菌毒素。本案例中造成繁殖障碍最有可能的原因是受污染饲料中所含的强效霉菌毒素，如玉米烯酮和烟曲霉毒素（Carr 和 Munkvold，未发表；http://www. iastate. edu/news/releases/02/oct/psuedopreg. shtml）。玉米烯酮造成的动物繁殖障碍已有详细记载，是给畜牧生产造成损失一个重要原因（应用专业技术中心，2004）。而我们早已知道烟曲霉毒素会造成牲畜的一系列健康问题（Ross 等，1992；Bucci 和 Howard，1996）。现引用 Bucci 和 Howard 的文字如下：

烟曲霉毒素的摄入会导致动物患上一系列致命的疫病，损害的器官依动物的种类而定。第一例动物中毒事件表现为马脑白质软化症（"发霉玉米中毒"）和猪肺水肿。另外，烟曲霉毒素会致使马、猪、牛、羊、鸡、鸭、兔子、大鼠和小鼠的肝、肾和心的轻度中毒到中毒死亡。

我们认为为了公平起见，需要问这样一个问题：在转基因作物出现之前，科学文献已经向我们提供了解释，那么为什么史密斯无法找出造成繁殖障碍可能的原因，而是毫无根据的把繁殖障碍的原因归结为 Bt 玉米。

（3）作物生长时由于受到昆虫的危害会累积霉菌毒素，在收获后的贮藏阶段也会累积霉菌毒素。不良的生长和贮藏条件是导致霉菌毒素污染的最常见原因（应用专业技术中心，2004）。

（4）转基因玉米事实上可以减少动物所受的霉菌毒素的危害。饲喂传统玉米的动物会比饲喂 Bt 玉米的动物有更多的健康问题，因为 Bt 玉米中烟曲霉毒素（一种霉菌毒素）的含量要较传统玉米低（Munkvold 等，1997；Munkvold GP 等，1999；应用专业技术中心，2004；Kershen，2006）。当玉米不受昆虫的危害，比如通过 Bt 玉米体内的 Bt 蛋白来防止虫害，那么玉米中烟曲霉毒素的含量就会较传统大大减少。

（5）"地球之友"组织称转基因玉米中含有更多的烟曲霉毒素的说法是错误的。当意识到以繁殖障碍为理由的反转基因言论瓦解之后，"地球之友"改变了原来的说法，声称 Bt 玉米比传统玉米含有更多的烟曲霉毒素。在多个国家经过同行审议的科学文献上发表的若干研究显示，Bt 玉米不受钻心虫的侵害，因此烟曲霉素的含量比传统玉米更低（Munkvold 等，1997；Munkvold GP 等，1999；应用专业技术中心，2004；Kershen，2006）。我们认为史密斯和"地球之友"的言论与犯罪行为相差无几，并显现了对人类健康的肆意漠视。我们这么说是因为，目前很清楚的一点是，Bt 玉米对消费者更安全，也更健康，从食用传统玉米转为食用抗虫玉米可以降低胎儿神经管缺损的概率以及各类癌症的发生（Kershen，2006；Torres 等，2007）。但是，在转基因抗虫玉米具有这些明显的健康优势的情况下，史密斯、"地球之友"和其他激进组织仍然一味的盲目反对转基因。

有一种叫"后此谬误"的逻辑谬误，即如果一件事发生在另一件事之后，那么就说先发生的事是后发生事的原因。按照逻辑，虽然一种疾病发生在某件事之后，即使这件事以前从未发生过，但也无法判定这两者之间存在因果关系。如果因此就确定两者之间的因果关系，那么就犯了"后此，故因此"的谬误，简称"后此谬误"（参见逻辑谬误）。

史密斯其他的关于食品安全的言论中也存在着"后此谬误"，如：3.8 加热高赖氨酸含量的玉米不会产生毒素。

1.9　针对 Bt 玉米的一个典型逻辑错误

Bt 玉米是德国奶牛的理想饲料。

 《转基因大赌局》的虚假言论：

德国 12 头牛在食用 Bt 玉米后不明原因地死亡。

（1）在德国黑森州，一奶牛场奶牛在食用含有大量某种转基因玉米——Bt176 玉米的饲料后死亡。

（2）由于患病原因不明，同群其他奶牛不得不扑杀掉。

（3）生产 Bt176 的先正达公司，补偿了农场一部分损失，但并不承认对奶牛死亡负有责任。

（4）尽管农场主公开要求甚至出现公众抗议，并没有给出详细的尸检报告。

《转基因大赌局》宣称，德国奶牛在食用先正达 Bt176 玉米饲料后染病，一些死亡。

经过同行评议的研究分析表明：

没有事实依据真正证明抗虫玉米与奶牛的不幸死亡有关。先正达对农民进行补偿，并不是出于认罪心理，而是努力保持良好客户关系的举措。很显然，先正达并非想告诉那个农民说，你认为你的奶牛因为吃了 Bt176 玉米后才死亡，Bt176 玉米肯定是杀牛元凶，你便犯了一个逻辑错误。吃这种玉米的奶牛成千上万，并没有出现任何不良反应，这应该说并不奇怪，因为在欧盟主管部门批准之前已经做了大量实验。这里面真正的问题是，为什么史密斯引用了一个毫无依据的观点，一个不仅逻辑错误而且与公开发表的科技文献截然相反的观点。也许史密斯认为，只要你的无端指责足够多了，公众就会相信这里面肯定有问题。

（1）Bt 玉米作为一种可能的死因已经被排除。罗伯特·科赫研究所的研究人员得出结论认为，Bt176 玉米并不是致死根源；他们指出，引起动物死亡的常见元凶——慢性肉毒中毒可能难辞其咎。

（2）所涉文章粗陋，没有公开发表。涉及这个案例的事实或资料不仅微乎其微，且均未就 Bt176 与奶牛死亡之间的联系提供任何依据。没有公开发表的后续科学研究。

（3）兽医人员通常能在尸检期间确定死因。兽医能按常规找到奶牛死亡的很多种成因，如细菌或病毒类病原体，或与毒草或有毒化学品的接触等。

（4）Bt176 和其他 Bt 玉米公认具有动物食用安全性。经同行评审的文献中发表了大量喂养实验研究，涉及多种动物，均没有发现任何不良反应。Bt176 玉米已种植多年，没有出现其他任何不良反应的报告（Flachowsky 等，2005；Flachowsky 等，2007）。

（5）所描述的 Bt176DNA 的变化从未涉及任何不良影响。同样值得注意的是，没有任何不良反应迄今为止被证明是源自转基因农作物（或就此而言其他任何作物）DNA 序列的变化、源自含有多个基因拷贝的产品的使用或源自合成基因的使用。对 DNA 变化的恐惧，大多反映出对多少年来传统植物育种技术引发 DNA 大量改变缺乏了解。DNA 改变并不是坏事，它是所有育种工作的目标（Beever 等，2000 年；Goldstein 等，2005 年）。

1.10 给大鼠喂食抗农达大豆，对肝脏并无影响

喂养抗农达大豆的小鼠肝细胞正常。

《转基因大赌局》的虚假言论：

小鼠喂养抗农达大豆出现肝细胞问题。

（1）喂养抗农达大豆的小鼠肝细胞出现重大改变。

（2）核与核仁形状不规则、核孔数量增加及其他改变，均显示代谢水平升高，基因表达模式发生改变。

（3）关键的改变可能是毒素引起的。

（4）从日粮中去除转基因大豆之后，很多不良反应消失。

给小鼠喂食抗农达大豆显示小鼠的肝细胞形状和结构发生改变，类似毒素引起的反应；从日粮中去除转基因大豆，这些反应发生扭转。

经过同行评议的研究分析表明：

转基因是轮盘赌吗

《转基因大赌局》称这些研究（1.10～1.12）显示，食用转基因大豆可能存在诸多不良反应。问题是，这些研究与众多文献相矛盾。我们该相信那些研究？回答这个问题其实很容易。那些作者提供的细节不足以让人重复研究，他们没有测算各组食用量是多少，也没有测算饲料中能够影响酶水平并引起细胞改变的异黄酮含量，没有区分饲料中大豆含量级别来研究剂量反应。他们检测的样本数量不够，检测结果得到的差异也不足以构成他们认为的真正或生物学意义上的改变。史密斯并没有告诉读者，但这些研究的作者似乎了解这一点，因为他们结论都仅限于指出需要做进一步研究。史密斯再次把蹩脚的科研奉为金标科研，却未与读者共享大量科学文献。

（1）一系列论文都是基于同一实验模型。这些研究人员在 2002—2006 年期间发表了至少 6 片文章（《转基因大赌局》的 1.10～1.12 涉及了其中 3 篇），均研究的是喂养转基因大豆或普通大豆的小鼠的多个组织和酶水平——日粮中均使用的是（文章作者称是）14％抗除草剂大豆或野生大豆。在整个文章系列中，无论何处均未明确给出使用的大豆品种，也未提及对日粮做过任何化学分析。甚至说不定，科学家养一组动物，把他们冻死，然后一个组织一个组织地检查，寻找转基因大豆可能产生的任何影响。没有给出每只小鼠的摄入量，因此我们无从知晓小鼠的日粮是否具有可比性。正确进行动物实验存在国际认可的做法，对应如何准备并分析实验材料有详细描述（Marshall，2007；ILSI，2003；ILSI，2007）。

（2）没有计量日粮中的异黄酮含量。这一点很关键，因为这一系列文章里面测量的所有反应均极可能是异黄酮含量差异引起的。此类改变在科学文献中均有论述，这组研究人员似乎并不了解这个事实（Brown 等，2001；Thigpen 等，2004）。

（3）临界检验显示这并不具有统计学或生物学意义上的差异。除了缺少摄入量、日粮可比性、异黄酮暴露量等信息外，这些研究还有一个更加根本的问题。鉴于实验所用的动物数量和发现改变程度，经过审慎的统计分析后发现，事实上在这些研究并没有观测到有统计学意义的差异或生物学意义上的改变。

（4）几十篇公开发表的动物研究文章已经证实抗农达大豆是安全的。上述那一系列文章的作者并没有断言抗农达大豆对健康有潜在的负面影响，而是说有必要进行进一步研究；这样的研究其实已经完成了。几十篇动物研究文章显示，食用转基因农作物对动物没有不良影响；全世界12 年转基因作物动物喂养的经验显示，没有任何不良影响（Marshall，2007；Flachowsky 等，2005；Flachowsky等，2007）。

另见：1.14　抗农大大豆是安全的

（5）史密斯引用的另一个大豆研究，由于实验的设计和实施不严谨，动物研究数据毫无意义。

1.11　给大鼠喂食抗农达大豆，对胰腺没有影响

给小鼠喂养抗农达大豆没有产生胰腺细胞或酶的改变。

《转基因大赌局》的虚假言论：

给小鼠喂食抗农达大豆出现胰腺问题。

（1）喂养转基因大豆的小白鼠出现消化酶合成和作用过程上的改变。

（2）一种重要的消化酶——α-淀粉酶的合成量下降幅度甚至可高达77%。

（3）这与其他胰腺发生的改变一起显示，转基因大豆可能干扰消化与同化作用，并改变基因表达。

给小鼠喂食转基因大豆，产出的胰腺消化酶水平低，可能会干扰消化。

经过同行评议的研究分析表明：

见1.10的答复。

1.12 给大鼠喂食抗农达大豆，对睾丸细胞没有影响

给小鼠喂食抗农达大豆，没有改变小鼠的睾丸细胞。

《转基因大赌局》的虚假言论：

给小白鼠喂食抗农达大豆，出现无法解释的睾丸细胞改变。

喂养抗农达大豆的小鼠的睾丸细胞结构和基因表达模式发生重大改变。

（1）改变原因不明，但睾丸是毒素的一项敏感指标。

（2）有些改变可能会影响成人生育能力以及后代健康。

（3）饲喂转基因食品的母鼠的胚胎确实出现了基因表达临时性降低的现象。

也可以说：给小鼠喂食转基因大豆后，小鼠睾丸细胞表现出改变，可能是生殖或健康问题的征兆。

经过同行评议的研究分析表明：

见 1.10 的答复。

1.13　兔子也可以吃抗农达大豆

抗农达大豆没有改变兔子器官中的细胞代谢。

《转基因大赌局》的虚假言论：

抗农达大豆改变了兔子器官的细胞代谢。

给兔子喂食转基因大豆约 40 天后，它们的肾脏、心脏和肝脏中某些酶含量出现重大差异。

（1）这 3 种器官中 LDH1 水平上升，意味着细胞代谢的增加。

（2）其他的酶变化表示这些器官发生了其他改变。

《转基因大赌局》声称，喂养抗农达大豆的兔子肾脏（而非其他组织）中的一种酶，即乳酸脱氢酶或 LDH1 水平增加，出现"细微差别"，便妄言这些"细微变化"可能是病变先导。

经过同行评议的研究分析表明：

兔子一般不用于实验室研究中，其中一个原因动物重复性和研究重复性困难。使用更可靠的实验动物所做的众多研究没有显示出这里所说的"细微"差别，史密斯却没有拿来引用。其他作者没有发现大鼠出现这些差别，没有发现其他组织中的出现乳酸脱氢酶（LDH）水平的变化，没有发现任何细胞或器官变化。

　　动物研究统计的一个重要特征值得注意。将大量独立的测量结果之间进行比对时，有 1/20 的比对结果会随机出现统计学意义上的差异。但具有统计学意义上的差异，并不意味着具有生物学意义（1.3 中分析的第 3 点）。当设计完全相同的重复性实验用于不同动物组时，也常会出现不同结果。出现类似的实验误差，是因为实验之间存在无意的但与实验结果相关的生物学差异，如动物之间的基因差异或动物进食方式差异等。这项兔子研究没有重复对照研究，科研人员观察到的差异不能肯定归因于转基因反应。也要注意的是，没有指明所用的大豆品种，设计中没有使用两个不同水平的大豆，所以不可能建立起大豆的剂量反应关系。本项研究以及几十项其他公开发表的研究均没有指出大豆喂养的任何不良反应，所以有理由得出结论：就抗农达大豆的安全性或缺少安全性而言，本项研究没有证明什么，没有生物学意义上的发现。

　　（1）使用兔子所做的医学研究或营养研究很少。不建议兔子用作实验动物，原因是实验差异大，但兔子有时也替代鼠类（Van Haver 等，2008）。

　　（2）几乎所有酶水平因动物不同而不同，但这项研究提及的酶水平并没有真正差异。本研究中的 LDH 测量水平属兔子的正常范围，细胞表象或器官健康的变化与这些改变没有联系。文章声称的细小差别根本不具有生物学意义。《转基因大赌局》称这些差别为"细微"，也许是因为史密斯知道，如果重复这项实验，可能会得到截然相反的结果。

　　（3）这项研究确实存在方法问题。没有给出任何关于所使用的大豆品种的来源和身份信息，没有提供大豆成分的详细信息，没有使用非转基因食物进行对照组的重复实验。没有按照此类实验建议的做法那样，给动物喂养的饲料中含有两种不同剂量的实验材料（这里即为大豆），因此不可能重复这项实验，或不可能确定不同组的日粮和食用量相等。见 1.10 关于动物喂养相关方法问题的讨论（并见 Marshall 等，2007）。

1.14 叶尔马科娃的研究成果不合逻辑

食用抗农达大豆不会导致婴儿死亡。

 《转基因大赌局》的虚假言论：

喂养抗农达大豆的大多数大鼠后代在三周内死亡。

母鼠怀孕前开始喂养抗农达大豆，怀孕期间和哺乳期继续喂养。

（1）后代中 55.5% 在三周内死亡，非转基因大豆对照组中为 9%。

（2）喂食转基因大豆的母鼠所产幼鼠中，有一些明显体型较小，母鼠和幼鼠均表现出较强的攻击性。

（3）在另一项独立的研究中，在一个实验室开始给大鼠喂食含有转基因大豆的商业饲料后，后代死亡率达到 55.3%。

（4）用转基因食物喂养的大鼠的后代交配时无法怀孕。

发现饲喂转基因大豆的母兽所产幼仔死亡率高，存活幼兽生长迟缓。

经过同行评议的研究分析表明：

叶尔马科娃提出的结论违反逻辑、不可信，也与其他数个严谨操控却没有得出类似结论的研究背道而驰。如果说全世界用作动物饲料的大豆可能会产生类似叶尔马科娃声称的结果，却没有任何其他的人注意到这个问题，这显然是不合逻辑的。这项研究设计不严谨，使用的材料甚至来源不清，动物的大豆食用量没有计量，且结论显示研究过程中对动物照料不善，使得我们可以完全忽略整个研究。没有像与其结论截然不同的研究一样在科学杂志上发表过。

人们也不仅怀疑史密斯的动机，推崇一项最差的动物研究却无视一些优秀并发表了的研究。这是一种惯用伎俩，只告诉读者可能会使人们对转基因产品心生疑虑的研究。

（1）其他几篇高质量并发表了的研究并没有发现对幼鼠存活和发育产生不良反应。叶尔马科娃的研究结果无视并对抗了此前用鼠类和其他动物物种所做的转基因大豆喂养并在要求有同行评审的科学刊物上发表的几项研究成果。这些研究已经证实转基因大豆与普通大豆一样，没有一项研究发现任何生物学意义上的差异。叶尔马科娃使用的动物数量不仅比这些研究使用的少，甚至比喂养实验建议使用的数量还少（Marshall，2007；Brake 等，2004；Teshima 等，2000；Zhu 等，2004；Hammond 等，1996；Cromwell 等，2002）。

（2）大豆用作动物饲料，农民没有说过死亡率高。叶尔马科娃的研究不可信。超过 50% 的大豆用作动物饲料，世界上 70% 以上的大豆是转基因大豆。转基因大豆用作猪、牛、禽、鱼等动物饲料已经 10 年多了，没有发现任何动物在生殖、存活或生长方面的变化。

（3）这项研究对所用材料描述不清，材料可能不具有可比性。叶尔马科娃称是从一个销售人员那里购得她使用的转基因大豆，而那名销售人员作证说他们从来没有销售过这个产品。她没有指出使用的是什么大豆品种。她把大豆、豆粕、豆粉、大豆分离物混为一谈，可能将非等价大豆制剂喂给了动物（Marshall，2007）。

（4）日粮的构成和异黄酮含量没有确定。一些动物可能没有吃到大豆。叶尔马科娃没有给出日粮的构成——特别是没有测算异黄酮的含量，这一点很关键，因为异黄酮具有类激素活性，会影响生殖（Brown 等，2001；Thigpen 等，2004）。叶尔马科娃的实验设计是，向相互隔离的笼子里的动物食用的基础日粮里添加大豆碎屑，一个笼子里有多只动物，因此不可能知道一只动物食用了多少大豆，也不知道是不是所有动物都吃到了大豆。

（5）结果——特别是对照组死亡率——显示动物照料不善。叶尔马科娃的死亡率结论根本不可信。她称，在对照组和非转基因喂养组中，约 10% 幼鼠死亡，这个死亡率比正常数字高出 10 倍。一位进行了更大规模实验的研究人员称，其各动物组中均未出现一例死亡（Brake 等，2004）。

（6）提交的图片证据有误导嫌疑。叶尔马科娃给出了一个动物的若干照片，与对照动物相比，这个动物生长迟滞，这可能构成科学欺诈，应该就此进行调查。比较的这两个小鼠，很明显分属于不同年龄。在比对不同年龄的动物时，我们可以看出他们耳鼻的发育情况和头与身体的比例的不同。人们不仅会想，在饲料中使用大量大豆的畜牧生产者遍布全球，他们可能早就报告了类似的生长迟滞，还可能会想，这些不良反应，其他用转基因大豆和动物来做研究的人可能早就注意到了（Marshall 等，2007；Brake等，2004；Teshima 等，2000；Zhu 等，2004；Hammond等，1996；Cromwell 等，2002）。

（7）研究设计存在致命缺陷。叶尔马科娃此前从未发表过此类动物研究文章，而且没有遵守国际公认的操作规程（Marshall，2007），她的研究中不能得出科学结论。更令人不安的是，她是转基因作物的公开批评者，她网站上的文章和她积极参加一家反转基因团体的活动便是证据。这是否构成了立场冲突？读者可以自行决定。同时也须质疑史密斯的诚实，因为他没有引用将叶尔马科娃研究的致命缺点给予曝光的论文。

1.15 食用大豆会增加大豆专有 IgG 的抗体

转基因大豆并未导致英国国内对大豆过敏的增加。

《转基因大赌局》的虚假言论：

转基因大豆引入英国后，英国的大豆过敏很快出现剧增。

（1）仅 1999 年一年，在抽样调查人群中，英国的大豆过敏比例从 10％跃升至 15％。

（2）英国在 1999 年之前刚刚开始进口转基因大豆。

（3）抗体检测证实，人体对转基因和非转基因大豆品种的反应是不同的。

（4）转基因大豆中某种已知过敏原的浓度高于一般水平。

转基因大豆比常规大豆更致敏，使得 1999 年引入转基因大豆后不久，英国的大豆过敏增加。

经过同行评议的研究分析表明：

食物过敏令人非常痛苦，并有可能致死，给大量家庭和个人带来了破坏性影响。那些关于食物过敏的恶意、不实言论非常残忍，对此实在无太多可说。作为该言论基础的抗体检测并非过敏检测，所以并不能说对大豆的过敏有所增加。检测进行之时转基因大豆尚未在英国的大豆供应中占到一席之地（不足 5%），所以检测的抗体可能是在转基因大豆进入食物供应链之前就形成的。医学记录表明大豆过敏并未在英国或欧盟"剧增"，这是杰弗里·史密斯的原话，而且当然时间点也不对。《转基因大赌局》不过是惯常地又在制造恐慌，而这次的话题对许多消费者，特别是对那些自身或是有朋友和家人深受大豆过敏之苦的人而言至关重要。

（1）未发现过敏，且研究并未检测大豆过敏。相关研究并未发表在经同行评议的科学文献上，而是贴在约克实验室的网站上。声称转基因大豆致使大豆过敏增加的言论存在的最严重问题是，研究中进行的检测并未测量过敏（即过敏并未被考虑在内）。约克实验室称，1996 年在 4 500 名参与实验的人中 10% 的人具有大豆蛋白抗体，而 6 个月后这一比例上升到 15%。问题在于他们只是测量了普遍存在的抗体水平，而并未检测与大豆过敏特别相关的抗体类型。英国真正的大豆过敏水平一直远低于 1%（参见下文中的 4），不过这一事实恐怕不能慰藉那些对大豆过敏的可怜人。

（2）进行该研究时转基因大豆在英国并不常见。史密斯很显然并未注意到研究开展的时间是在 1996 年，或者不想让我们知道检测进行之时转基因大豆尚未进入英国。1996年，美国的大豆中也仅有5%是转基因的，很有可能检测到的抗体是针对1996年之前的大豆而形成的。研究未曾公开发表，而且虽然当前世界上超过70%的大豆都是转基因大豆，也没有证据表明它们的致敏性有所增加。

（3）史密斯承认，没有证据表明致敏性有所增加。史密斯声称存在潜在的致敏性，却忽视了科学文献和世界各国监管机构中的科学家得出的结论。在这一章的最后，他温顺地承认，"转基因大豆导致英国大豆过敏增加尚未证实。时间上也令人生疑……"但是，当然了，研究未曾检测过敏水平，时间也是错误的。

（4）大豆的消费增长可能会导致大豆过敏增加。由于消费者日渐注意到大豆以及植物蛋白对健康可能带来的益处，推动大豆消费量上涨，这可能会导致大豆过敏增加。0.1%～0.2%的人会对大豆过敏，但是这一比例可能会随着对大豆蛋白消费量的增加而上升。应当注意到，类似过敏的增加是因为天然大豆蛋白固有的致敏性所致，并非由于大豆的转基因特性。

（5）转基因大豆和大豆过敏之间未表现出因果关系。认为一件事发生在另一件事之后，那么先发生的事就是引起后发生事的原因，这种观点在逻辑上称为"后此，故因此"的谬误，简称"后此谬误"。史密斯的言论中就经常包含类似的逻辑谬误。

更多关于大豆过敏的信息可参阅：http：//www. soy-connection. com/newsletters/soy-connection/health-nutrition/article. php/Estimating＋Prevalence＋Of＋Soy＋Protein＋Allergy？id＝39

1.16　喂养抗农达双低油菜的大鼠拥有健康的肝脏

给大鼠喂食抗农达双低油菜不会影响大鼠的肝脏重量。

 《转基因大赌局》的虚假言论：

喂养抗农达双低油菜的大鼠肝脏重量增加。

（1）喂养转基因双低油菜的大鼠肝脏重量要比喂养非转基因品种的大鼠高出 12%～16%。

（2）肝脏是一个化学工厂，也是身体中主要的毒素代谢器官。

（3）肝脏重量增加可能意味着肝脏疾病或是炎症。

（4）如果导致肝脏重量增加的毒素是脂溶性的，那么可能也会出现在菜籽油中。

饲喂抗农达双低油菜籽粕的大鼠肝脏增重12%～16%。

经过同行评议的研究分析表明：

首先，应当说《转基因大赌局》中提及的饲喂试验用的是双低油菜籽粕，而油菜籽粕并不会用于食物。食用菜籽油在加工时就与油菜籽粕完全分开，而且油菜籽粕也不适于做食物。

研究中发现大鼠肝脏重量略有增加，这可能是葡糖异硫氰酸盐成分所致，这是油菜籽粕中一种已知的有毒成分，会导致肝脏和其他器官增大。史密斯并没有告诉读者，科学文献中对这一内容已经进行了充分论述，还出现在标准的教科书中（Hayes，1989）。史密斯也没有说明的是，就同一转基因双低油菜品种对大鼠进行喂养的另一项研究（FSANZ，2004）表明，并没有发现饲喂转基因双低油菜籽粕的大鼠与饲喂非转基因的大鼠相比在肝脏的大小或其他相关健康参数上有何区别。因而，他所谓"研究者没有开展其他研究"的说法是错误的。所说的转基因双低油菜已经通过多国监管部门的批准。而史密斯再次希望我们相信，即便存在着危险的毒性影响，监管者还是批准了这些作物。

（1）其他研究显示，抗农达双低油菜对于肝脏重量并无影响。史密斯没有告诉读者，就抗农达双低油菜共进行了 3 项认真的研究。在第一项和非常深入细致的第三项研究中，都没有观察到肝脏重量的变化。澳大利亚食品监管者——澳新食品标准局（FSANZ）对第三项研究的描述如下：

"第三项研究是对转基因（GT73）双低油菜籽粕的一项评价，用来自世界各地的非转基因品系和正日常鼠粮作为阴性对照。在这种情况下，将转基因和非转基因系的所有种子样品同时进行了加工，并加工到同一程度。在体重、累积增重、最终体重或食物消耗量方面，喂养转基因双低油菜籽粕的大鼠与喂养非转基因的对照组并无显著差别。更为重要的是，与喂养非转基因的对照组相比，喂养转基因双低油菜籽粕的大鼠不论是肝脏还是肾脏的绝对重量或是相对重量方面也没有显著差别。"（FSANZ，2004）。史密斯大量引用了与 FSANZ 通信的内容，却绝口不提对方的回应反驳了他的说法，而且这些回应也早已在各处公开发表了。

（2）已知其中的有毒成分——葡糖异硫氰酸盐会导致肝脏重量增加。文献显示，若饲喂双低油菜，则大鼠的肝脏重量直接与双低油菜中的葡糖异硫氰酸盐含量有关——

即"剂量—反应"关系。文献还显示了，所有品种双低油菜的不同批次，不论是常规油菜还是转基因油菜，其中的葡糖异硫氰酸盐含量都会有所不同。

（3）葡糖异硫氰酸盐，这一最简单也是最好的解释却被忽略了。对第二项实验的结果的唯一合理解释是，实验中使用的转基因双低油菜具有较高的葡糖异硫氰酸盐含量（"奥卡姆剃刀"——选择最简单且最显而易见的解释）。

（4）葡糖异硫氰酸盐含量在双低油菜不同品种的不同批次间也存在差异。双低油菜的转基因特性对葡糖异硫氰酸盐没有影响。史密斯热衷于质疑转基因作物，他对读者掩盖了解释实验结果最为可能的说法。加拿大、澳大利亚、美国、日本和其他各国的监管机构已经审议过抗农达双低油菜的安全数据，并予以批准。

（5）对转基因双低油菜中新引入的蛋白和其他成分的毒性已经进行了彻底的评估（ANZFA，2000；FSANZ，2004；Harrison 等，1996）。

1.17　快速生长的禽类可以食用抗 Liberty 除草剂玉米

对抗 Liberty 除草剂（LL）玉米这一转基因玉米开展了多项安全研究，确保其安全可靠。

《转基因大赌局》的虚假言论：

饲喂 LL 玉米后，鸡的死亡数量翻番。

（1）饲喂 Chardon LL 转基因玉米后 42 天，鸡的死亡率为 7%，而对照组这一比例仅为 3.5%。

（2）饲喂转基因玉米的鸡在体重和进食上更不规律，且整体上增重较少。

（3）该研究经特别设计，仅出现巨大差异时才能从统计数字上显现出来。

（4）因此该研究结果被弃用，没有任何后续行动。

《转基因大赌局》重点指出了一项以鸡为对象的动物饲喂研究，在饲喂了转基因 LL 玉米后鸡的死亡率（7%）高于饲喂了常规饲料的对照组（3%）。

经过同行评议的研究分析表明：

史密斯太急于想举出例子来反对转基因作物，因而将本来是证明安全的实验结果误解释为不安全，这个案例就是一个很好的例子。该报告中的死亡率对于家禽研究设施而言十分普遍，表明对照组使用的玉米与实验所用的转基因玉米之间并不存在任何有意义的生物学上的差异。而且，在这一玉米品种登记后的 10 年间，其他一些 LL 玉米品种也进行了商业化。监管机构对这些 LL 玉米进行审查时要求开展额外的饲养实验（包括大鼠和家畜在内），而这些史密斯却没有提到。大量的实验室检测，以及肉类和禽类产业 10 年以上的实际经历都证实了 LL 玉米是安全的，证据远远超过史密斯提及的这个案例。

（1）报告的死亡率对于这家家禽研究机构而言十分正常。史密斯不相信该科学报告中一个十分明显的论断，即"死亡率对于这种快速生长的禽类种群而言十分正常，在我们的研究机构中，公肉鸡的死亡率一般在 5%～8%。"

（2）监管机构认为，该研究并未说明转基因与非转基因品种间存在任何差异。史密斯提及的科学研究已经经过澳新食品标准局（FSANZ）的评估，得出的结论是 LL 转基因玉米系与其他的玉米商业品种之间不存在任何显著的生物学意义上的差异。

（3）史密斯并未提到，就该玉米品种还进行过其他科学研究，表明并不具有负面影响。其他研究团体就同一转基因玉米品种还另外进行了不止三项的动物饲喂研究，其成果已经公开发表，都表明转基因玉米与常规玉米一样安全、富有营养，但是史密斯并未提及这些研究。较新的一项研究（Jacobs 等，2008）是用鸡做的实验，并未发现转基因玉米与非转基因玉米在鸡的生长反应上有何不同。

1.18 转基因豌豆研究终止

未发现小鼠对转基因豌豆产生过敏反应。

 《转基因大赌局》的虚假言论：

转基因豌豆在小鼠体内产生了过敏性炎症反应。

（1）在一些并非转基因作物评价常规内容的先进测试中，转基因豌豆生成的蛋白在小鼠体内产生了危险的免疫反应。

（2）"同一种"蛋白，如果是豌豆自然生成的，就没有影响。

（3）在转基因豌豆中，糖分子附着于引入蛋白的方式产生了细微的、难以识别的变化，这可能是产生该问题的原因。

（4）小鼠的反应表明转基因豌豆可能造成人的炎症或过敏反应；转基因豌豆的商业化生产计划就此取消。

（5）采用通常的转基因作物审定安全评价方式几乎不能检测出转基因蛋白的这种细微但却危险的变化。

转基因是轮盘赌吗

《转基因大赌局》强调了澳大利亚联邦科工组织进行的一些实验。该组织在食用了转基因豌豆的小鼠体内发现了免疫反应的变化。在这些实验中，该组织采用的检测食物过敏原的方法是一种未经验证的测量方法。

经过同行评议的研究分析表明：

史密斯想告诉我们转基因作物是多么危险，为什么一定要拒绝转基因作物。但他说通常情况下科学家不会检测出这种蛋白的潜在过敏性，就太离谱了。事实上，尽管澳大利亚联邦科工组织（CSIRO）的研究的确发现了免疫反应的变化，但并未检测出任何过敏性。这表明研发人员拥有强大的工具，可以检测出潜在的过敏原，而且一旦对安全性产生怀疑，宁可过度谨慎，也要停止相关研发工作。已进行的研究并未证明该蛋白一定是、或者一定会成为食物过敏原，但这个项目还是停止了，这恰恰证明了上市前的安全评估是有效的。

这件事表明，一旦遇到任何与风险有关的问题，科学家便停止研究工作。这个例子显示，在面对某种表现出非正常反应迹象的植物品种时，生物技术界和科学界阻止进一步研发的行动是多么迅速。注意，这些迹象是在研究期间发现的，此时这一有疑问的植物品种还没有提交给监管机构审批。

正是常规的安全分析提醒了科学家可能存在的问题。史密斯称安全评估中很少能检测出这种反应。可是，要知道，这里所研究的这种蛋白只是一种与过敏原存在某些相似之处的含量相对丰富的蛋白（在造成过敏的植物中，过敏原通常都是那些含量极为丰富的蛋白），而且研究人员也及时终止了该项研究。此外，对所有新引入的蛋白及其潜在过敏性进行完整的特征描述是上市前安全评价工作必不可少的一项内容。史密斯本身并非科学家，他断言这些细节的发现纯属偶然，这完全是无稽之谈。

所观察到的与已知过敏原的相似之处是很容易识别的。搜索一下已知过敏原数据库（www.allergenonline.com）就能发现引入豌豆的转基因蛋白与花生和大豆的一些次要过敏原存在相似之处。这样的相似性已经足以构成终止研究的理由。但是，要注意，有许多蛋白与过敏原的相似度比这个豌豆蛋白更高，却并非过敏原（Ladics，2006；Ivanciuc，2008）。

食物过敏学专家不接受该蛋白引起过敏反应这一研究结果。这里检测出免疫反应时所用的方法不是食物过敏学专家认可的检测食物过敏性的有效方法（Goodman等，2008）。其实在这些研究中并没有出现任何食物过敏反应。但出于谨慎，任何怀疑都足以让研究人员停止这项研究。

通过安全评估系统，科学家能够测试新产品的过敏性。必须强调的是，这里所报告的案例证明，一方面，科学已经开发出了评估转基因作物安全性的适当方法，另一方面，一旦出现疑问，研发工作就会终止（Ivanciuc，2008）。注意，这只是澳大利亚联邦科工组织的一个研究项目，从未提交给监管者审批或作为产品推出。

1.19　只要是草，动物就吃

动物并不歧视转基因作物。

《转基因大赌局》的虚假言论：

目击者报告：动物对转基因生物避而远之。

（1）如果可以选择，一些动物对转基因食物避而远之。

（2）在一些由农民进行的试验中，多次发现奶牛和猪对转基因玉米不加理睬。

（3）对转基因食物避而远之的动物包括奶牛、猪、鹅、松鼠、麋鹿、鹿、浣熊、小鼠和大鼠。

《转基因大赌局》的1.19节阐述了一项对一些难以验证的动物不吃转基因食物的故事的调查。

经过同行评议的研究分析表明：

各种各样的传言充斥着媒体和网络。这些传言听起来和说起来都很有意思，传播得也很快。它们通常没有任何事实依据，但听上去很有道理。事实上，没有任何科学对照研究显示动物更青睐非转基因作物。史密斯引述这样的故事作为转基因作物有问题的证据，我们只能说他是饥不择食了。

报纸上能找到很多谬传。这些传闻所说的现象没有一个是经过科学验证的。对于"传言"，永远要谨慎。

可以想象，动物可能会青睐非转基因"农田"。动物可能会青睐那些杂草管理不善、地表植被更丰富的农田（种植不耐除草剂大豆的农田就可能出现这种情况），或者是作物生长不好、导致有更多脱落的或未收割的耳穗供它们食用的农田。

转基因作物的外观与非转基因作物相同。"转基因"作物是一个抽象的类别，这些传闻中所提及的食物并无任何特定的共同外部特征。这些作物吃起来、闻起来、看起来、摸起来和常规作物一样。在 200 多个涉及转基因作物安全研究的经过同行评审的科学报告中，没有一项报告显示有存在拒绝食用含转基因成分食物的情况。

转基因作物的营养价值和安全性并无不同。对禽、牛、猪及其他 10 种动物的科学研究显示，转基因动物饲料的营养价值和饲料价值与非转基因的饲料相同。

1.20　大量服用色氨酸引发子宫内膜异位症

作为保健品的色氨酸引发健康问题。

　《转基因大赌局》的虚假言论：

一种转基因保健品导致约 100 人死亡。

（1）20 世纪 80 年代，某品牌的 L-色氨酸保健品在美国引起大规模致死事件。

（2）该公司利用转基因细菌生产该保健品，以降低成本。

（3）该产品含有多种污染物，其中五六种被怀疑是致死的原因。

（4）该事件浮出水面具有多重偶然性，说明转基因食品的不良反应有可能很难被发现。

《转基因大赌局》称一种使用转基因细菌生产的保健品致人死亡，并暗示用来生产该保健品的转基因细菌是引起子宫内膜异位症这种疾病的元凶。

经过同行评议的研究分析表明：

把某种转基因微生物作为罪魁祸首是毫无依据的。这是转基因作物反对者捏造的传言之一，意在丑化转基因的形象。人们从未在转基因微生物和子宫内膜异位症（简称内异症）之间建立起任何因果联系，也不需要寻找这种联系，因为另一个导致该疾病的原因已经发现。异位症一种可怕而痛苦的疾病，夺去了很多人的生命。对于那些考虑采用特殊饮食或服用保健品的人来说，获得准确的信息、了解何为真正的危险是非常重要的。好几年前，医学家们就找到了对这一疾病的解释。内异症是由大量服用 L-色氨酸这种保健品引起的。我们能证明史密斯对这一发现心知肚明，却拒不说出关于 L-色氨酸的真相。这可是会危及人命的。美国食品药品监管局已经在其网站上发布了警告，指出服用 L-色氨酸存在潜在危害。人们需要得到这些信息，而《转基因大赌局》却在继续散布关于转基因技术的毫无根据的传闻。

已知引发内异症的是高剂量的色氨酸本身。在史密斯和加勒特 2005 年的报告出现以后，科学界已经知道了转基因与内异症无关，而是该保健品本身——也就是 L-色氨酸的大量服用引发了健康问题，无论其制造过程是否使用了转基因技术。这一怀疑已经存在多年，而史密斯故意不引用与他的说法相矛盾的美国食品药品监管局发布的报告。

内异症并非只有在服用转基因色氨酸时才出现。1986 的医学文献至少记录了两起 L-色氨酸引发内异症的事件，远远早于转基因微生物用于 L-色氨酸生产的时间。多家公司生产的色氨酸都引起过内异症。

L-色氨酸中的污染物并非内异症病因。曾有研究试图寻找证据证明转基因技术生产的 L-色氨酸中的污染物有毒，但只是徒劳一场，没有确实的证据表明这些污染物是有害的。

　　L-色氨酸引发内异症的机制已经明确。有迹象显示L-色氨酸在体内形成的代谢物导致了内异症这种疾病。

　　史密斯拒绝说出全部情况。杰弗里·史密斯早在2006 年就知道了 L-色氨酸并非内异症病因的这些事实，却不愿对其书中关于色氨酸的误导性言论做任何修正。

第 2 章
DNA 决定一切

2.1 任何 DNA 插入都可能引起变异

往染色体里插入任何 DNA 都可能破坏基因。

《转基因大赌局》的虚假言论：

外来基因破坏位于插入位点的 DNA。

（1）当基因随机插入 DNA 时，插入的位置能影响它们自身的功能以及自然基因的功能。

（2）"插入突变"能扰乱或删除插入点附近的遗传密码子，或者改变其位置。

（3）对插入位点的评价发现，有 4 000 多个 DNA 碱基对改变了位置，外来 DNA 与原有 DNA 混杂，高达十多个基因被大规模删除，多个 DNA 片段被随机插入。

《转基因大赌局》讨论了将 DNA 插入染色体的潜在危险。

经过同行评议的研究分析表明：

没错，作物育种的确会改变 DNA；事实上，这正是所有育种工作的目的——改变 DNA。反对转基因作物的活动者不断宣传插入 DNA 的潜在危害，指出转基因植物中可能存在多个新的 DNA 片段。他们的说法存在几个问题：①所有植物的染色体都由于 DNA 的许多结构性变化而不断被破坏，这种现象在近代历史中不断出现。直到今天，植物在田野里每生长一季，都会发生这种变化；②所有育种技术都对植物染色体结构产生大量破坏且带来大量变化；③所有人都认为很安全的传统育种技术，实际上带来的基因破坏比转基因要多得多，而且培育出来的植物不会像转基因植物那样用严格的标准进行大量的遗传改变和安全性状测试。

非常偶尔的几次，传统育种者其实培育过有问题的新作物品种，比如引起皮疹的芹菜和有潜在毒性的马铃薯。但这些不幸事件如此罕见，解决得又如此迅速，几乎没什么人听说过。转基因作物出现这些问题的可能性要小得多得多，而且因为转基因审查如此严格，如果真的出现任何问题，肯定在进入市场前就被淘汰了。《转基因大赌局》关于插入 DNA 的风险完全是杞人忧天。

欧盟委员会做了一个更加中立、更加科学的评估，结论是生物技术/转基因食物有可能比传统食物更安全：

"事实上，由于使用更精确的技术，进行更严格的监管审查，它们可能比传统植物和食物更安全；而且，如果出现任何没有预见到的环境影响——到目前为止还没有出现过——应该马上会被我们的监测系统发现。另一方面，这些植物和产品对于人类健康和环境的益处正日益显现。"（欧盟委员会，2001）

插入转基因肯定会带来变异，会破坏基因或改变基因的表达方式。有一件事《转基因大赌局》没有告诉读者，那就是其他形式的传统育种技术也会给染色体插入新的

DNA，而且与转基因植物生产过程中只插入单个 DNA 片段不同，其数量通常大得多。此外，由于受田野和草场中的辐射、病毒感染、DNA 寄生虫迁移等影响，野生植物也能发生随机的 DNA 变化。例如，曾有人在田野中发现有大豆花的颜色发生了变化，原因是该大豆的染色体被破坏，影响了与色素合成有关的基因（Zabala 等，2008）。许多观赏花卉都由于基因破坏而产生颜色的改变。玉米种子常常由于染色体重组或与种子颜色有关的基因发生破坏而改变色泽或斑点的排列方式（Fedoroff，1989）。通过直接检测玉米的 DNA 序列，人们确认了玉米在进化过程中染色体被破坏过无数次（罗格斯大学新闻简报，2006年 10 月 4 日）。在水稻的染色体组中也发现染色体被 DNA 寄生虫破坏过数千次（Jiang 等，2004）。这些常见的变化都是无害的，因为从未有证据表明哪种疾病是由食物或饲料的 DNA 变化引起的（Bejarano 等，1996；Harper 等，2002；罗格斯大学，2006；Dooner 等，2007；Lisch，2005）。

转基因植物研发人员要找的是只包含单个干净而完整的插入的植物。没有任何科学证据表明转基因 DNA 的多个插入会带来负面影响，尽管如此，人们已经不再把包含一个以上插入的转基因食用作物提交给监管者审批了。研究人员通常能找到只带一个有效插入的转基因植物。

转基因作物研发采用严格的筛选程序，能把奇怪的变异剔除出去。在转基因植物研发的每一步，都会从成百上千的个体中筛选出最优个体——通常是那些与接受 DNA 插入的品种最接近的个体。此外，当某个转基因植物被挑选出来用于进一步研发的时候（可能是从数百个候选植物挑选出来的），将接受一整套全面的安全测试，确保没有发生任何非预期的不利改变（Kuiper 等，2001；McHughen，2000；Tribe，2008）。监管机构要求提供相关数据，证明该基因改变具备遗传稳定性，并且经过了全面的特征鉴定，表明其不会破坏该转基因植物其他基因的功能。

传统植物育种打乱 DNA 的程度比转基因插入更高。现代遗传研究显示，在传统育种过程中，染色体中的基因和较大的 DNA 片段经常被删除、插入、重组或改变。这些不可预知的意外改变大大超过了转基因插入所带来的有限的改变（Batista 等，2008；Baudo 等，2006；Shirley 等，1992）。值得注意的是，虽然关于基因插入和随机的基因重组有如此多可怕的言论，但长久以来，在作物研发过程中和野生植物品种身上发生过无数次随机的对 DNA 的大规模破坏，却从未发现任何负面后果（Bejarano 等，1996；Harper 等，2002；Tanne 等，2005；Tribe D，2008）。

进化是一个自然过程，使得 DNA 不断变化。说起进化，很容易认为是过去发生的事。事实上，推动进化的进程（DNA 变化、迁移、基因融合等）今天仍在发生。我们吃的每一种植物都并非只有一种严格固定的基因序列——小麦、水稻、玉米以及其他常见作物的不同品种之间都存在许多 DNA 差异。上面第 1 条中已经列举了一些这种差异的例子，但这方面的例子还有很多。Akio Kato 和他的同事在 DNA 变化的地方将染色体着色，发现同一条染色体在不同的玉米品种内是非常不一样的。通过将染色体着色，可以直接从分离出来的根细胞中看到不同培育品种之间的巨大差别（Kato 等，2004）。还是这个实验室，发现当玉米的 DNA 从细胞器迁移到细胞核中时，经常意外地将新的 DNA 插入染色体，对细胞核内的 DNA 造成永久性的破坏（Lough 等，2008）。与此相类似，木瓜等植物中叶绿体的 DNA 也会意外插入到新的位置，破坏染色体的结构（Ming 等，2008）。这里只是列举了几个例子，其实在进化过程中，DNA 经常迁移到新的位置。

植物遗传改变的方式之一是两个不同物种的整套染色体组互相结合，形成我们所说的多倍体，即拥有多套染色体。多倍体通常由两种不同植物异花授粉形成。很多人都不知道，这种异花授粉现象在自然界中相当普遍，大部分食用作物都是多倍体（Leitch 等，2008）。当一种多倍体植物刚刚形成时，比如小麦，通常会发生大量额外基因破坏（Kashkush 等，2002）。从未存在于同一生物体中的染色体联会配对，形成新的多倍体作物，不同染色体结合后产生许多额外的基因改变，这对植物染色体组产生的破坏比转基因这种方式剧烈得多——基因工程只增加单个基因，是一种相对保守的变化。其结果不但安全，而且为人类带来巨大的益处。

植物育种者就是以这些进化结果为基础开展工作的。进化过程中出现的对染色体的诸多基因破坏也存在于传统育种方式培育的作物中，因为育种者在培育过程中使用多个植物品种。这种遗传改变对食用作物造成的意外基因破坏比基因工程对植物染色体组的破坏要大得多。

2.2 植物育种中采用组培并非新鲜事物

育种者采用植物组培技术培育新的作物品种。

《转基因大赌局》的虚假言论：

植物在组培中生长时能产生突变。

（1）将植物细胞培养成转基因植物的这个过程可能会造成染色体组发生数百甚至数千次突变。

（2）单个碱基对的改变就有可能带来严重后果，而基因的大规模改变可能会产生多重且交互作用的影响。

（3）大部分进行实际研发工作的科学家对这些突变的程度不了解，也从来没有人对商业转基因植物整个染色体组的改变进行过任何研究。

用单个细胞培养整棵植物是植物育种工作中常见的程序。这个过程可能引起突变，从而造成某种危害。

经过同行评议的研究分析表明：

对植物进行人工组织培养（组培）是一种常规技术，育种者已经使用了几十年，用它培育出了无数在世界各地种植和食用的食物品种。

这些品种在庄稼地里长势很好，也从未给世界各国数不清的食用者带来任何健康问题。对于这样一种具有长期安全使用历史并且给农民带来实惠的技术，很难理解《转基因大赌局》为什么把它当作一件十分值得我们担忧的事情。

《转基因大赌局》提到植物组培中能发生突变，但来自组培的遗传变异是少量并且可控的，而且突变本来就是作物育种不可或缺的组成部分。突变随时都在发生，根据其对作物的价值的作用分为积极的突变或有害的突变。植物育种专家的工作就是从数千株植物中挑选出有用的性状组合，剔除有害的突变，筛选出有用的突变。育种者知道怎样筛选出具有优良性状并且食用安全的突变体，他们几十年来都在做这项工作。

在《转基因大赌局》中，史密斯宣称只有转基因能造成突变，这是错误的。事实上所有育种工作的目的就是创造遗传变异、找出遗传变异、利用遗传变异（也叫突变）。即使是两个植物品种进行异花授粉也会发生遗传变异。事实上，我们自己就是突变体！如果认为意外突变的出现是不可接受的，那么所有植物育种工作都是不可接受的。

人们已经发现，与其他引起遗传改变的方法相比，转基因育种对 DNA 造成的非预期破坏较少。基因工程比其他育种方式更精确。而且，转基因采用的是已知的优良栽培品种，这就进一步杜绝了产生非预期结果的可能性。与传统育种相比，转基因的审核更加严格，确保只生成预期的变化。此外，育种者可以通过与亲本的一系列回交消除非预期变化。《转基因大赌局》没有说出整个情况。

（1）在植物育种中，组培并非新鲜事物。植物育种者很早之前就开始在人工培养基中培育植物了，并且广泛认识到这项技术能对植物造成突变。植物育种者把这种现象称之为"体细胞无性系变异"，是育种者各种手段中的一个很有价值的工具（Kaeppler SM 等，1998；Kaeppler SM 等，2000；Larkin 等，1981；Larkin，2004；van Harten，1998）。

（2）许多采用传统育种方式培育的植物品种都是通过组培生产出来的。一直以来，用组培方式生成的植物经常被引入我们的食物供应链，并未引起任何健康问题。许多广泛种植的大麦和双低油菜栽培品种（育种者通常称之为栽培种）在培育过程中都经历过组培阶段，以获得纯合系（用专业术语来说，就是利用小孢子培养获得双单倍体）。

根据记载，通过组培进行改良的商业栽培种有大麦、小麦、马铃薯、黑莓、亚麻、芹菜、番茄、水稻等（Larkin，2004）。2003 年，通过组培获得抗病毒特性的面包小麦品种"麦加利（Mackellar)"在澳大利亚面世并开始种植（澳大利亚联邦科工组织，2003 年；澳大利亚联邦科工组织，未注明日期）。这项技术还被用于开发抗真菌的芹菜和番茄品种（Heath-Pagliuso，Rappaport，1990；Evans，1989）。在给西红柿引入野生茄属基因的过程中也用到了它（Rick 等，1986；Rick，Chetelat，1995）。它还被用于培育用来生产亚麻籽油的亚麻和生产植物油的商业双低油菜品种（McHughen，2000）。传统育种还采用花粉培养、胚芽培养等专业的细胞培养方法来辅助远缘杂交，帮助更快地获得想要的性状（Goodman 等，1987）。

（3）植物育种者发现组培带来的遗传变异是少量并且可控的。当植物组培技术用于培养转基因植物时，通过优化幼苗再生方法，排除任何出现不必要改变的幼苗，出现突变的可能性被降到最低（Lakshmanan P 等，2006）。在整个研发过程的各个阶段，转基因植物都要经过大量分析。每种植物都必须经过多年（平均约为 10 年）的分析才能投放市场。通常刚开始时研发人员要对大量植株进行分析，随着时间的推移，不合适的植物被逐渐淘汰，受分析的植株的数量逐渐减少。其中的任何一步都不会让具有不利特性的植物通过。研究者从他们的产品身上提取大量信息——比任何通过传统途径培育的作物所要求的信息都多得多。回交（与亲本进行异花授粉）常被用于分离转基因性状与非预期改变；最近的一项对转基因大麦的研究表明通常一次回交就已足够（Bregitzer 等，2008）。多年来的经验显示，即使在转基因植物中发生偶然性突变，通常也没有重大影响，并且很容易解决（Filipecki，Malepszy，2006；Strauss 等，2004）。组培经常被用于传统商业育种活动中，这正是该技术没有问题的最佳证据。

（4）传统育种使用许多破坏性技术制造作物的突变。现有的在植物中制造突变的方式有辐射或用刺激性化学物质处理等，这些方式广泛应用于传统育种，给植物染色体带来大量改变。这些处理方法不如基因工程技术精确，有时候对植物染色体带来大规模改变。史密斯在《基因大赌局》说没有使用这些变化，这种说法是完全错误的。

传统育种者采用的非转基因技术中有一种叫做化学诱变。利诺拉（Linola）是澳大利亚开发的一种特殊的食用亚麻籽油，其培育过程使用了乙基甲磺酸这种化学物质。另外一种有毒化学物质叠氮化钠则被用于诱发啤酒大麦的突变。用这些突变大麦酿造的啤酒不易浑浊，其中就包括丹麦所用的大麦品种 Caminant（van Harten，1998）。丹麦的淡色啤酒之所以如此成功，可能部分要归功于大麦品种的这个突变。

另一种传统育种技术是辐射诱变，用该技术培育的作物有意大利用来制作意面的硬质小麦 Creso，占澳大利亚水稻播种面积 60% 以上的水稻品种 Amaroo，以及在美国广受欢迎的葡萄柚品种 Rio Star®（Ahloowalia 等，2004；国际原子能机构，2008；McHughen，2000；美国国家科学院，2000）。光是水稻这一种作物就有数百个不同的突变品种，主要是采用电离辐射方法开发的。其中一种叫做 Calrose 76，在加利福尼亚州种植，是一种矮秆突变种，其培育方式就是用放射性钴的 γ 射线进行大量照射，这种射线也用于给医疗器械消毒（van Harten，1998）。

辐射处理会引起染色体的大规模改变，这在经同行评审的科学文献中有详尽记载（美国国家科学院，2004；Shirley 等，1992），而且这种改变与插入转基因 DNA 引起的改变很相似（Cellini 等，2004；Gorbunova 和 Levy，1999）。最近一份对水稻所作的详细分析显示，用传统的辐射处理诱发突变之后，基因表达的改变频率比用基因工程引入转基因更高（Batista 等，2008）。

对于实际作物育种工作中使用突变技术的这些基本事实，大部分都广为植物育种者、遗传学家和受过良好教育的生物学家所知。《转基因大赌局》白纸黑字地宣称植物育种不使用诱变剂，还声称诱变技术不会带来基因工程带来的那种改变，这都是错误的。这些错误表明史密斯至少是没有经过严谨的调查，弄清基本事实。

（5）数千个（约 3 000 个，或者更多）植物新品种都是采用辐射处理培育的。这些品种被栽培用作食物或饲料。已知辐射对染色体结构的破坏比制造转基因植物采用的方法大得多。这些经过辐射处理的作物已经投入商业生产数十年，却从未有它们对食用者健康带来危害的记载。对于已发表的关于传统植物育种带来突变的科学论文（Ahloowalia 等，2004；国际原子能机构，2008），《转基因大赌局》选择忽略或否认。

2.3　转基因育种比其他育种方式更精确

科学调查显示，转基因植物的基因表达极少出现预料之外的改变。

 《转基因大赌局》的虚假言论：

插入基因造成整个染色体组基因表达的改变。

（1）一个采用微阵列基因芯片进行的研究发现，插入一个基因之后，原有基因中有5％改变了表达水平。

（2）除了史密斯之前已经讨论过的基因删除和突变，还存在这些另外的改变。这些改变是不可预见的，并且市场上的转基因作物在这方面没有经过充分的研究。

（3）这些大规模改变可能对健康有多方面影响。

史密斯以一个在人类细胞上做的遗传疾病研究为基础进行推断，断言在植物中转入基因将干扰大量其他基因的活动。

经过同行评议的研究分析表明：

史密斯之所以推断插入基因会扰乱转基因植物的基因表达是基于一个在动物细胞上进行的实验。这个实验使用了一个基因芯片来测量细胞中许多基因的活动水平。许多在植物上进行的类似实验结果正好相反。采用基因芯片的基因表达研究做起来很难，复制起来更难。细微的条件变化都能引发基因表达的大量改变。尽管如此，还是有一些史密斯没有引用的经过同行评审的文献提出了证据，显示出与史密斯的说法完全相反的结果。而且，科学家会尽量选择不对植物造成破坏的基因修饰，并且在插入外源基因后，对数千株植物进行仔细筛选，找出没有非预期的或不理想的变化的植株。如果一个转基因植物的基因表达出现了巨大改变，就不会是正常的，也就不会被选中。

（1）对大豆进行的基因芯片研究显示插入外源基因比

传统育种的破坏性更小。基因芯片又称微阵列芯片，是一种用于测量成千上万个基因的活动水平的技术。用基因芯片对大豆基因的扰乱进行的分析显示，插入外源基因带来的干扰比传统育种带来的干扰小得多。在用传统大豆品种进行的杂交试验中，人们发现，杂交产生的后代之间通常约有 1 000 个基因的活动存在差异（Cheng 等，2008）。

（2）对小麦进行的基因芯片研究显示开发新的转基因小麦品引起的基因表达变化比传统育种引起的变化更小。研究显示，将一个外源基因引入小麦所影响的其他基因数量比用传统的异花授粉方式对小麦品种进行杂交影响的基因数量少得多（Baudo 等，2006）。

（3）对水稻进行的基因芯片研究显示插入基因带来的基因表达变化比使用辐射进行作物育种带来的变化要少。用基因芯片技术对水稻进行的分析表明，辐射诱变对基因表达造成的扰乱比通过基因工程引入一个外源基因造成的扰乱大得多（Batista 等，2008）。

（4）与传统育种方式相比，转基因造成的干扰很小。目前已经积累的大量证据证明引入一个外源基因对其他基因活动带来的干扰相对来说非常小（Di Carli 等，2009；Kärenlampi 和 Lehesranta，2006；Catchpole GS 等，2005）。之所以能够肯定地说引入外源基因带来的改变很小，是因为人们一次又一次地观察到伴随传统育种技术产生的基因扰乱通常都比基因工程大得多。此外，在新作物的商业开发过程中，人们要筛选数千株植物，找到那些具有令人满意的特性的植株。通过这个过程，育种者可以剔除任何发生剧烈变化的植物。

（5）大部分插入的 DNA 不起任何作用。对模式植物拟南芥进行的调查试验证明大部分通过基因工程引入该植物的 DNA 沉默了，观测不到任何作用（Bouché 和 Bouchez，2001；El Ouakfaoui Miki，2005）。

2.4　启动子是精准的工具

启动子是一种插入受体内的用于启动具体基因的"开关"，它不会"意外地"激活有害基因。

💡 《转基因大赌局》的虚假言论：

启动子可能会意外开启有害基因。

（1）启动子是激活基因的开关。

（2）几乎所有转基因作物中用的启动子被设计成永久性启动外源基因进入高水平表达的状态。

（3）虽然科学家宣称这些启动子仅能启动外源基因的表达，但是它也可能能意外地永久性启动一些植物本身的其他基因。

（4）这些基因可能过量生产过敏原、毒素、致癌物或抗营养因子以及阻碍其他基因的调节剂。

史密斯讨论了启动子（参见后文定义）意外启动有害基因，并永久性地产生过敏原、毒素、致癌物或可能影响营养物摄入的植物性化学物的可能性。

经过同行评议的研究分析表明：

史密斯的观点完全缺乏事实依据，他采用了一个科学上还未予以证实的人类基因疗法的例子。人类基因疗法与植物基因工程相去甚远，且与食品安全无关。这是史密斯炮制稻草人谬误的又一例证。基因治疗是一项刻意的侵入性医疗措施，以挽救受癌症等致命疾病威胁的生命。植物基因操作不涉及将基因破坏性地植入人体内。基因修饰植物完全正常，而基因遭到破坏的植物对农民无用。基因插入植物进而侵害人体健康是不可能的，在消化道内，食物在被人体作为营养吸收之前已被消化成无害的汤状物，正常工作的基因是不可能通过这种方式进入人体的。

携带启动子的农作物用于农业生产已有多年，并产生了积极影响，例如降低了合成农业肥的使用、减少了污染、降低了可能引起危害的自然毒素水平。另一方面，许多自然进化的农作物能够导致致命疾病、产生有毒物质。实际上，比传统育种方式相比，插入启动子对植物生成物控制水平更高，最终这意味着人类消费更安全。选育技术在农业中运用已有几千年的历史，转基因技术不过是一种高度精确的工具，可以减少我们不想要的突变的发生。

（1）插入植物体内的 DNA 序列含有启动子，能确保仅有插入基因得以表达。每个经过修饰的基因特别设计有一个安全信号，该信号防止附近的基因意外启动。史密斯担忧，第一代启动子几乎时刻活跃，这会意外激活附近的基因。他未打消读者的疑虑，所有插入的基因在其 DNA 中同时设计有永久性"关闭"开关。该"关闭"信号可确保，一旦启动子"启动了"我们需要的基因，使其开始工作，那么其他基因就不会被意外启动。

《转基因大赌局》声称，第一代启动子大多数时间处于开启状态。但是该书并没有提到，越来越多的现代启动子"开启开关"得以应用，这些开关更具选择性，更能确保不需要的基因不会意外启动。当今，许多新奇独特的启动子得以运用（Lemaux 2008，第 3.12 节），以加拿大双低油菜（*Brassica napus* 和 *Brassica campestris*）为例，人们通过转基因方式改善了它所含的油的成分，并插入了一种当地芸薹属植物的蛋白启动子，从而能够更精准地控制转入基因的活性，将其活性限制在所结的油籽内。

（2）没有证据支持《转基因大赌局》中有关意外激活有害基因这一大胆的推断。史密斯提到的 35S 启动子不能激活插入位点附近的基因（El Ouakfaoui 和 Miki，2005）。史密斯未能提醒读者注意此方面的重要研究，这实际上倒提醒了读者他在科学上的不诚实。史密斯假设描述了这样一种情形：植物转基因启动子启动了毒素或致癌物编码的基因，但这种情况从未报告。事实上，这种情况几乎不可能出现。最重要的是，如果基因产生了对植物不利的表达，或者改变其成分，那么，转基因作物的安全分析将会查到。所有对用作动物饲料或食物的转基因作物的安全评审的实施都很严格。至少有 250 份已发表的科研论文发表研究了转基因食品的安全性并记载了其安全性（Tribe，2009）。

（3）35S 启动子插入 DNA 情况与普通植物病毒将其携带入 DNA 表现出的情况没有差异。自然界中，常常发现病毒基因插入到植物 DNA 中。例如，植物病毒 DNA 存在于香蕉、大蕉、番茄、马铃薯、水稻、葡萄藤及烟草中（Bejarano 等，1996；Harper 等，2002；Mette 等，2002；Staginnus，Richert-Pöggeler，2006；Tanne，Sela，2005）。35S 启动子源于花椰菜花叶病毒，类似的病毒

DNA 在许多植物基因组中都有发现，而从未在转基因实验室发现。鉴于许多植物病毒携带启动子如 35S 启动子以及由于 DNA 插入 35S 启动子存在于染色体，可以想象，普通植物病毒也可能产生史密斯所描述的 35S 启动子会产生的所有潜在不良影响。排除这种可能性，史密斯犯下了一个科学错误。他声称与花椰菜花叶病毒相关的病毒在植物体内繁殖时不经过植物细胞核。但是，进入细胞核是病毒生命周期的一个重要部分，为病毒意外进入植物染色体提供了大量天然机会，病毒经常在染色体内发现，如同 DNA 插入（Hass 等，2002）。总之，史密斯描述的"意外事件"自然界中普遍存在，而具有讽刺意味的是，通过转基因技术却可以控制这类事件。

（4）无论是自然进化还是通过转基因技术，病毒 DNA 插入植物基因组不会产生问题。Glyn Harper 及其同事在 2002 的一篇科学评论（Harper 等，2002）中讨论过现有病毒 DNA 插入染色体的生物安全影响，认为病毒片段插入染色体不会产生问题。

另见：

2.3　基因表达

5.9　病毒基因及其转入到肠道

6.5　对于人类，抗病农作物是安全的

2.5　启动子可通过自然方式插入 DNA

用于植物遗传工程的转基因启动子"启动信号"来源于一种植物病毒，该病毒在许多植物中广泛存在，经常把其 DNA 插入到植物基因组中。

《转基因大赌局》的虚假言论：

（1）当某些病毒感染其他生物时，它们嵌入到宿主的 DNA。

（2）这些嵌入的病毒序列可以传递给后代，甚至遗传给后续的物种。

（3）大多数历史久远的嵌入病毒序列随着时间的推移已经发生变异，但仍有一些可能还完好无损，只是未被被启动。

（4）如果转基因启动子插入到休眠病毒基因附近，有可能会启动它们的表达，从而导致病毒形成和潜在灾难。

在此节《转基因大赌局》提到，实际上所有生物染色体内均嵌有沉默病毒基因。史密斯设想驱使转基因性状得以表达的启动子"开启信号"具有较低的激活沉默病毒的可能性。他声称，这可能"产生潜在的危险病毒"。

经过同行评议的研究分析表明：

《转基因大赌局》认为隐藏在植物基因组内的沉默病毒基因是一场将要发生的灾难。《转基因大赌局》没有说这场灾难是什么，也未通过科学引证给不知情的读者任何线索。这部分内容简直是小题大做，科学文献表明进入植物基因组的病毒基因从未给人类带来危害。植物病毒从未引起人类疾病或感染人类。

基因"开启信号"如 35S 启动子用于多种商业转基因作物。该启动子来源于花椰菜花叶病毒，从这一名称可以知道，此类型病毒感染一系列卷心菜属作物，包括花椰菜和甘蓝。这些病毒属于常见的植物病毒群，此类病毒利用细胞核作为"重要阵地"以繁殖更多病毒微粒。

《转基因大赌局》第 2.5 节的讨论是第 2.4 节的继续。前一节中有关病毒生物学的科学错误同样也体现在 2.5 节观点中。杰弗里·史密斯假定：因为这些病毒在繁殖时不一定要将 DNA 插入植物基因组，所以它们从未插入植物基因组。史密斯错误之处在于接受了不正确的科学建议。这些病毒总是利用细胞核不断复制，偶尔会意外地将其 DNA 片段插入到植物染色体内。由此，许多食用农作物包括马铃薯、番茄、香蕉以及水稻的基因组都携带花椰菜花叶病毒类的 DNA 片段。

食用这些曾植入过花椰菜花叶病毒类 DNA 片段的食物，我们并没有受到任何危害。这类病毒并没有引发危害人类的病毒大量繁殖，这些有据可查的安全性实实在在地证明了那些假想的危害对人类不重要。我们有安全食用这类食物的历史。

再次指出，此部分就是小题大做。杰弗里·史密斯假定的不同寻常事件与数百万年植物进化过程中发生的"意外"事件相似。这些事件是罕见的事例，事件所涉及的病毒不会给人类带来危害，不会感染人类。这些病毒更不会危害人类，因为与自然进化的随意性不同的是，在转基因新品种的开发中 DNA 的插入是精心设计的，而得到新品种要接受严格的监管审查以确保无危险结果。

（1）史密斯有关转基因启动子激活病毒的猜想很笼统，没有给出相关植物的具体例子。

（2）源于准逆转录病毒的 DNA 片段广泛存在于马铃薯、番茄、香蕉、大蕉、水稻及其他植物基因组。驱动第一代转基因的 35S 启动子前体是花椰菜花叶病毒的 DNA 片段，花椰菜花叶病毒是一种准逆转录病毒（Hass M

等，2002；Hull 等，2000）。此处，史密斯没有提到：众多不同的准逆转录病毒 DNA 插入在许多植物染色体内大量发现，包括食用作物如马铃薯、番茄、香蕉和水稻（Gayral 等，2008；Harper 等，2002；Hansen 等，2005；Staginnus Richert-Pöggeler，2006；Staginnus 等，2007）。这种病毒在植物材料中如此广泛地存在，以至于运用化学方式检测 35S 启动子不能作为鉴定转基因农作物的可靠方法。其困难的原因是，在检测作物是否含有 35S 启动子的 DNA 测试中，非转基因作物中很容易检测到的准逆转录病毒 DNA 片段能够产生与该启动子类似的反应。准逆转录病毒生命周期包括通过细胞核这一必须阶段，使得病毒有大量机会插入染色体（Hass M 等，2002）。准逆转录病毒与感染人类和动物的逆转录病毒不同，准逆转录病毒颗粒中含有 DNA，而不是 RNA。准逆转录病毒也与动物逆转录病毒不同，不一定要具备其 DNA 插入细胞染色体作为其生命周期必须步骤。《转基因大赌局》误认为这一必须阶段的缺失意味着从未发生过染色体插入，而这些准逆转录病毒 DNA 确实偶尔意外地插入到染色体。史密斯并没有提及准逆转录病毒生物学中这些已被广泛接受的知识。

（3）转基因启动子激活植物其他病毒的频率很低，这与任何植物很少发生病毒自然激活情形类似。史密斯讨论了如果植物病毒被含有 35S 启动子转基因 DNA 意外激活的潜在风险，这一情况极端罕见。他没有考虑由于已知的其他准逆转录病毒 DNA 插入非转基因植物而可能引起的类似事件。对生长于田野的任何植物来说，当受到辐射或其他作用，染色体结构不断遭到破坏，DNA 被打乱，此时假设的这种植物病毒被激活的情况也有可能发生。转基因 DNA 插入受制于监管审查，而众多的非转基因 DNA 破坏完全不受管制。相关的植物病毒不会感染人类。

另见：2.4　启动子

2.6　育种人员开发遗传稳定的农作物

含花椰菜花叶病毒 35S 启动子的转基因植物并非不稳定。

　《转基因大赌局》的虚假言论：

（1）证据表明用于大多数转基因食物的 CaMV（花椰菜花叶病毒）启动子具有一些重组热点。

（2）如果确认，这可能导致基因序列分解和重组。

（3）所插入基因材料的不稳定性可能带来无法预见的缺陷。

《转基因大赌局》讨论了第一代 35S 启动子插入到植物染色体后可能发生的结构变化。然后将 DNA 实验室操作可能发生情形推广到转基因植物大田种植过程中可能会发生情形。

经过同行评议的研究分析表明：

大多数人们没有潜心思考染色体的作用。他们很可能没有意识到：随着一代又一代植物在野外和大田的生存，染色体出现了无数次的 DNA 重排，DNA 结构的变化不是统一的且不可预期。"重组热点"——即染色体内 DNA 重排和重组发生频率相对高的区域——是一种自然现象，且经常出现。

转基因是轮盘赌吗

在《转基因大赌局》第2.6节，杰弗里·史密斯讨论了植物 DNA 改变的可能性，就好像这必然意味着灾难将会发生。他几乎未指出：植物 DNA 重排广泛存在，发生 DNA 重组和转移的染色体重组热点普遍存在。

《转基因大赌局》在谈到被插入的基因的结构可能与基因工程师的设想有区别。这一观点是准确的，不过，发生这些变化在植物科学家们的意料之中，他们研发了预防措施以确保预期出现在商业化的转基因植物中的是可预期的 DNA 结构。史密斯没有提到：基因在插入过程中发生结构变化的主要原因是被一种植物修复系统插入的，无论在何处修复破坏的 DNA，这种自然修复系统都会使植物染色体发生大量变化。《转基因大赌局》的许多读者没有意识到这种必要且易出错的 DNA 修复是植物日常发生的事情，植物在户外经常会受到辐射或因为其他原因使得其 DNA 被破坏。与其他许多传统育种方式相比，基因插入过程给染色体带来的变化小得多。

史密斯似乎认为染色体在其自然史上从未发生变化，但是就进化而言，大规模的染色体变化是正常的。即使他关于某些转基因作物可能不稳定这一论断（尽管经仔细检验，这些作物的新性状都能够稳定地遗传）有一定依据，转基因作物也不会在现有农作物变异情况之外显著的增加额外的变异。

（1）没有证据的猜想不能证明某些情况的发生。史密斯没有提出任何证据来支持他的观点，即驱动转基因表达的普通启动子 35S 是转基因植物基因不稳定位点。转基因植物实践表明：转基因性状的稳定遗传一般可通过运用标准化育种程序获得，例如，对夏威夷抗病木瓜（一种含

35S 启动子的商业化转基因食用作物）综合性分析表明：无论经过多少代繁殖（Kohli 和 Christou，2008；Ming 等，2008；Suzuki 等，2008），该木瓜品种所含的 35S 启动子没有发生变化。尽管理论上，启动子可能具有不稳定特性，但是，在温室实验和田间试验阶段不具备遗传稳定性的植株都会被淘汰，确保商业化转基因植物在几代内的表现是可预见的。转基因作物的监管规定可确保只有那些遗传性状稳定的农作物才可商业化。

近来的一份研究论文（Sureshkumar 等，2009）提供了植物遗传不稳定性的证据，该论文提到，芥菜植物的一种基因显示出遗传不稳定性。遗传不稳定性与基因工程无关，它涉及 DNA 间隔的重复，在其基因位点以多倍的形式存在。这种自然发生的 DNA 的不稳定从未在 35S 启动子身上体现出来。

（2）植物染色体含有许多不会导致染色体不稳定的"重组热点"。染色体结构不是惰性的、无法改变的，但其各部分发生变化的能力并不相同。它们具有"重组热点"和"重组冷点"。染色体发生相对较快变化的部位被称为"重组热点"，尽管如此，实践中，"重组热点"这一术语并不意味着不稳定性。这是因为基因交换热点部位是在一个很长的时间跨度内起作用，延续即使不是数千代也是数百代的进化时间。换言之，人们可能不得不搜索数百万株植物以寻找重组热点，才能遇到一起基因改变的情况。

不过，独立进化数百代的染色体的研究表明染色体经历了许多重排、基因添加、基因删除以及许多复杂的变化。这种变化主要由隐藏在染色体内的无数的"DNA 寄生客"引起,当它们与染色体发生相互作用时,它们就会引起染色体的重排。引起染色体变化的"DNA 寄生客"包括那些在玉米(Lal 和 Hannah,2005;Lai 等,2005;Morgante 等,2005)、水稻(Lisch,2005)以及大豆(Zabala,Vodkin,2008)DNA 内发现的寄生客。随着时间的推移,这些寄生客引起染色体结构的巨大变化,特别是当它们大量存在时。

这些寄生热点区的存在并不意味着染色体在一代内极其不稳定。正如上文所提及,这需要一个很长的过程或者对大量植物进行调查,才能查明染色体的活动。但是在大规模植物种群中,比如以全世界的某种农作为一个种群,寄生热点区是大量基因变化的原因。因此,鉴于这种移动的寄生 DNA 位点在粮食作物中广泛存在,且每株植物体内所含的数量很多,其在染色体重排方面的活跃作用使人类面临大量的遗传新特性。

《转基因大赌局》没有对玉米、水稻、大豆以及其他粮食作物中可移动 DNA 的自然活动引起的遗传风险与转基因技术引起的遗传风险进行比较,但是,这两种情况都引起了发生非预期基因改变的风险。寄生 DNA 引起基因新特性的风险程度远比通过基因工程得到的转基因农作物引起的风险要大得多。和现行潜在遗传风险相比,由 5S 启动子的不稳定性造成的遗传风险微乎其微。

(3)植物具有有性繁殖热点区域,但是这些热点区域并不是不稳定的。染色体的另一种类型的重排是:在有性繁殖中,与姊妹染色体内的同源 DNA 交换。生殖周期 DNA 交换研究表明:与基因自身或邻近区域(热点部位)相比,无基因的染色体部位相对不活跃(冷点区域)。因此，基因是姊妹染色体 DNA 交换的热点区域（Yandeau-Nelson 等，2005；Lichten 和 Goldman，1995；Petes，2001）。例如，玉米基因中有一种称为花青素 1 的位点，该部位是玉米基因的重组热点，其有性 DNA 重组率高于整个染色体平均重组率的 20～60 倍（Xu 等，1995）。这些重组热点不会导致染色体不稳定。

（4）转基因启动子的引入不会导致转基因植物不稳定。英国科学家 Ajay Kohli 及其同事报告说，一些实验表明 35S 启动子可能发挥着重组热点的作用，插入基因与其被插入的 DNA 染色体位点之间发生 DNA 连接反应（Kohli 等，1999）。杰弗里·史密斯认为这一重组热点意味着植物在大田中生长时插入的基因将不稳定。

史密斯有关转基因植物 35S 启动子产生不稳定性的论据似乎基于"重组热点"这一术语含义的误解或误用。"重组热点"不是对一个基因插入植物染色体后稳定性的评价，而是指在科学实验情形下，DNA 片段插入植物，激活植物 DNA 修复机制时所发生的事件。在这类特定情形下，植物体内的 DNA 修复酶被激活，导致大量的 DNA 重排（Gorbunova 和 Levy，1999；Kohli，Christou，2008）。

史密斯忽略了一份科学报告，该报告由 Hull 等人于 2000 年撰写，明确地驳斥了他的解释，同时也清楚地区别了转基因 DNA 插入染色体之前以及插入之后的两种不同状况。

该报告指出：

"关于 Kohli 等人描述的发生重组的转化阶段，仍然存在许多不确定性。他们未能区分转化过程中发生的重组与 DNA 序列整合完成后发生的重组。有关转化期间（即嵌入之前）DNA 重排出现了越来越多的证据。大多数情况下，这些重排导致转入基因的失活，并在转化系性状分析早期阶段被剔除。而且，Kohli 他们采用的用于转化的 DNA 架构包括 35S 启动子的三份拷贝，一份与另外两份逆向。转化后的转基因载体（插入转基因的植物）中重复序列的存在特别是反向重复序列倾向于使基因沉默——在转化系培育中需要排除的一种状态。"

换句话说，没有理由将 Kohli 他们的观点作为在正常植物繁殖过程中，35S 启动子插入正在复制的染色体，转基因植物可能会不稳定的依据。而且，Kohli 他们研究中引入的转基因 DNA 的结构很特别，一般不会用在商业化的转基因植物上，因为这种结构会导致基因沉默，使植物无法表达种子公司想要的性状。因此，35S 启动子潜在不稳定性的证据在科学审查下烟消云散了。《转基因大赌局》谨慎地回避了这一已公布的科学审查。

除了对 Kohli 及同事的研究困惑外，《转基因大赌局》没有提供任何证据来证明商业化转基因植物不稳定，也没有提及这些转基因植物接受监管机构和种子公司科学家们的审查，以确保它们具有稳定性，供农民实际利用。毕竟，这些作物的遗传稳定性可以保证其在制种和生长期间的良好表现，而这符合农作物研发公司和农民自身的利益。

2.7 可移动 DNA 推动进化

可移动 DNA 的转移是染色体变化的主要驱动力。

《转基因大赌局》的虚假言论：

基因工程激活了被称为转座子的移动 DNA，产生突变。

（1）在植物 DNA 中，被称为转座子的移动遗传因子从一个位点移动到另一个位点，且可以引起突变。

（2）遗传工程中采用的组织培养方法激活了转座子，该方法是继而发生的全基因组突变的重要原因。

（3）在商业化转基因作物培育中，经常在转座子附近插入基因。

（4）这种插入有可能改变转入基因的表达。

植物含有许多不同种类寄生 DNA，这些寄生 DNA 经常通过将一份额外拷贝插入到染色体内新位点的方式来进行繁殖。《转基因大赌局》声称新引入经过基因修饰的DNA 与已经存在的大量的移动 DNA "寄生客" 的相互作用可能产生未预料到的风险（尽管描述这些可移动 DNAs 的正确科学术语是转座子，但是，我们大多时候用更易于理解的描述性的术语 "移动 DNA" 或 "寄生 DNA" 来指代转座子）。

经过同行评议的研究分析表明：

在进化过程中，植物染色体的许多变化是由移动寄生 DNA 牵头促成的 DNA 动态重排产生的。典型的植物基因组中约 90% 的基因是移动寄生 DNA 过去活动和增值的结果，反映出植物进化过程中出现过移动 DNA 的大量增殖。通常，这种移动与基因重排或混杂相关联。很显然，植物染色体在其历史进程中对结构变化具有耐受性。尽管寄生 DNA 大多数拷贝不活跃，但是许多食用农作物例如大豆、玉米和水稻具有活跃的移动 DNA 拷贝。与采用基因工程引入某单一新性状相比，染色体动态变化的植物进化过程产生更多基因新性状。在对植物进行基因修饰时，插入转基因片段可能激活移动 DNA，但并不会给食物带来新风险，因为我们食物供应中的植物 DNA 随时都发生着染色体变化。

植物在大田中生长时，基因突变可能也参与到这种染色体 DNA 的洗牌中。例如，大田生长的大豆被发现花色改变，这是因为移动 DNA 插入到了花色调节基因的位点。运用传统育种方法生成新的杂交作物时，当通过异花授粉，一整套的新染色体嵌入到受体内时，新的杂交品种内将发生大量基因变化。与采用基因工程引入单一新性状相比，所有这些染色体动态变化的过程会产生更多的基因新特性。

过去 70 年，成千上万的新型食物品种纳入到了食品工业，因为传统育种技术可能激活寄生 DNA 或导致基因随机移动而造成的有差异的、极其不可能的理论风险已接受了实践的检验。70 年间，理论上具有风险性的大量的基因变异没有给消费者带来危害。

《转基因大赌局》指出转入基因有可能会通过影响移动 DNA 而产生不利影响。这一说法忽视了农作物安全育种的悠久历史，期间，植物经历了更多的 DNA 重排，而这种重排具有类似的理论风险。

《转基因大赌局》在此节中没有考虑到新品种培育和登记这一较长的程序中新品种审定所提供的保护，以避免非预期的影响，一般来讲，一种新的转基因作物品种需要经过 10 年的研发时间才能与消费者见面。

　　鉴于监管机构开展的广泛的安全分析，育种者需要很谨慎地选出没有非预期影响的转基因作物。这样，无论移动 DNA 产生非期望变化的概率是多少，在育种、品种选择和监管审查中，这种变化都会大大减少。没有任何证据表明这些假想的风险给人类带来了危害。事实上，《转基因大赌局》只能猜想可能会发生的情况，这正好体现了植物育种的总体安全性。值得注意的是，杰弗里·史密斯不仅无法提供经同行评审的科学论文来支持其观点，而且，他在这节论述的有关风险的所有证据均来自一些有名的反转基因激进分子，这些人像史密斯一样盲目地致力于阻挡转基因技术的运用。

　　（1）植物体内含有无数可在基因组内移动并诱发突变的可移动遗传因子。我们在吃食物时，我们是暴露在寄生 DNA（例如转座子）各类随机活动下的（Adams 和 Wendel，2005；Jiang 等，2004；Leitch 和 Leitch，2008；Morgante M 等，2005；Wendel 和 Wessler，2000；Yamashita 和 Tahara，2006）。经同行评审的科学研究充分证明，通常食用的农作物中包含众多不同的移动 DNA 序列的无数拷贝，这些 DNA 在粮食农作物中活跃运动（Jiang 等，2003；Kalenda 等，2000；Moon 等，2006；Tsugane 等，2006；Wendel 和 Wessler，2000；Zabala 和 Vodkin，2008）。

　　（2）病毒 DNA 经常在植物染色体内找到。非转基因水稻染色体侵染有一种水稻东格鲁杆状病毒（RTBV），该病毒的 DNA 片段随机分布于水稻染色体内。此病毒与用于许多转基因作物启动子的病毒相关。病毒 DNA 片段存在于马铃薯基因组中。同样，香蕉染色体中发现了许多香蕉条斑病毒（BSV）DNA 片段。其他病毒 DNA 插入物广泛存在于许多其他植物染色体中（Gayral 等，2008；Harper 等，2002；Hansen 等，2005；Staginnus Richert-Pöggeler，2006）（正如 2.5 节所讨论的）。这些病毒 DNA 片段的启动子构成的风险与史密斯所说的插入 DNA 造成的风险类似，但是，没有发现对人类健康有害的序列与这些植物染色体病毒基因插入物相关。

（3）对健康的不利影响并不归因于可移动基因的移动或农作物中 DNA 的插入。此节史密斯假定的与转基因插入相关的这类风险是一种极低概率的事件，在我们的食物中，由于大量病毒和移动 DNA 插入到非转基因粮食作物中，我们已经处在类似的极低概率的遗传风险中。这一现行风险是由移动 DNA 在染色体内频繁移动至新位点以及农田中作物的染色体与大量病毒接触引起的。辐射诱变加剧了这种风险，与现行风险水平相比，《转基因大赌局》所鼓吹的风险微不足道。

（4）《转基因大赌局》认为转基因农作物形成期间发生的生物和非生物胁迫可能会激活寄生移动 DNA。小麦传统育种异花授粉生物胁迫引起的移动 DNA 激活现象已为科学家报道（Grandbastien，1998；Feldman M，Levy AA，2005），不同种类植物之间异花授粉是公认的一种"基因组的震惊"行为，在该情形下，植物基因组出现大规模重排，包括移动 DNA 激活（Chen 和 Ni，2006）。史密斯还宣称：遗传工程中采用的组织培养诱发了移动 DNA 在植物 DNA 中移动，然而，正如我们在第 2.2 节所讨论的，组织培养经常用于传统育种，因此，人们已经在食用蕴藏风险的食物，即便他们避免食用转基因产品。

转基因农作物的产生不会显著增加现有食用作物中活性寄生移动 DNA 的暴露量。没有证据表明这些假想风险给人类带来了危害。

另见：2.2　植物组织培养

2.8　食物中含有很多新的 RNA

我们的食物中有很多新的 RNA 分子，这些分子并不产生任何危害。

 《转基因大赌局》的虚假言论：

新的 RNA 可能对人类及其子孙有害。

（1）小型 RNA 序列可以调节基因表达，主要是通过沉默基因。

（2）RNA 状态稳定，不受消化影响，并且能够影响摄入 RNA 哺乳动物的基因表达。

（3）这种影响可以传递给子孙后代。

（4）基因修饰形成了新的 DNA 组合与变异，从而会增加意外产生有害调节型 RNA 的可能性。

《转基因大赌局》推断，遗传工程产生的新的双链 RNA（dsRNA）分子可能有害。

经过同行评议的研究分析表明：

RNA 是很多重要细胞过程都要涉及的一种聚合物。每个细胞都有各种形式的 RNA，这些 RNA 负责将信息从基因传递给蛋白质装配机器，并自身产生蛋白质。近年来，对于各类 RNA 生物作用的理解突飞猛进。现已明确，dsRNA 等 RNA 分子在调节多种植物和人体基因方面都发挥着重要作用。

《转基因大赌局》将转基因植物中可能出现的新的 dsRNA 分子视为一种潜在危害，但将风险同 dsRNA 挂钩的做法恰恰为一种有偏见的风险分析提供了典范。史密斯在讨论转基因作物中的潜在 RNA 危害时，并未对现已进入膳食的类似危害开展全面的风险评估。他没有考虑到放射诱发突变或 DNA 寄生虫活动产生的新的 dsRNA 结构的类似危害，且未有提及我们目前食用的数量庞大的 dsRNA。这种 RNA 在大豆、玉米、水稻和其他植物中屡见不鲜。

史密斯引述了两篇论文作为论述 dsRNA 存在风险的证据，而事实上这两篇论文却充分地说明了为什么dsRNA 不会对人类造成危害——我们可能已经进化到不会再受膳食中 dsRNA 影响的程度了。最后，《转基因大赌局》忽视了当代分子科学的现实。如有需要，科学家能够制造出 dsRNA——编码的插入片段；如果这些插入片段并非所需，他们也知道如何避免将其纳入新的基因构建物。史密斯又一次混淆了事实和基本科学知识。

(1) RNA 可以安全食用；人类食用 RNA 的水平为日均 1gm。在臆断 RNA 分子的可能危害时，杰弗里·史密斯没有提及，RNA 的多数形式都不稳定，较易降解。能够破坏 RNA 的酶在环境中随处可见，包括我们的唾液和肠胃。内脏中的消化酶会很快地破坏掉 RNA（Carver，Walker，1995；Park 等，2006）。

(2) 植物，以及人类和动物膳食，都含有大量dsRNA 分子，但动物或人类食用 dsRNA 从未产生任何副作用。《转基因大赌局》关于新的 RNA 分子可能危害的讨论中，作者从未提及，我们的食物中一直存在新的 RNA 形式。据测算，我们食用的 RNA 中 dsRNA 的比重超过了 10%——很多 dsRNAd 结构与人类基因的结构完全响应，但迄今并未产生任何不良反应（Carver 和 Walker，1995；Ivashuta 等，2008；Lewin，2008）。

（3）在虫体内产生的反应未必会同样发生在大鼠和人体内。史密斯摘录的一些文章记载，将非常初级的虫子——圆线虫（*C. elegans*）浸泡在 dsRNA 溶剂中，或给其喂食含有 dsRNA 的细菌，dsRNA 扩散到整个虫体。这种 RNA 扩散现象只局限于部分昆虫、蠕虫和植物。该方法在高等动物身上进行过很多次的重复试验，并未发生同样现象。事实上，尽管人们对于将 dsRNA 用于药物治疗抱有很大希望，但主要的问题却是 dsRNA 无法通过哺乳动物组织扩散。实验已经证明，基本上无法通过 dsRNA 给药（Wang 和 Barr，2005；Plasterk，2005）。

（4）史密斯援引了一篇论文，文中实验是将 dsRNA 放入致病大肠杆菌喂食给大鼠——这篇论文实际上恰恰证明了膳食中的 dsRNA 对人类健康无害。实验人员（Xiang 等，2001）试图设计出一种将 dsRNA 导入哺乳动物细胞的方法，以期突破口服 dsRNA 药物的瓶颈。他们将 dsRNA 分子编码基因植入一种致病的大肠杆菌。他们清楚，该细菌将侵入大鼠体内的胃肠细胞，从而将 dsRNA 带入这些细胞。该实验取得了成功，但实验结果表明，必须借助于自然环境中不存在的有意建构的致病菌作为特洛伊木马，由其将 dsRNA 送入哺乳动物细胞。声称这篇论文说明 dsRNA 能够进入人体的人或者是没有读过这篇文章，或者是故意曲解文章。

（5）RNA在细菌体内的基因调节过程不同于人体内和其他高等生物。《转基因大赌局》的这个章节宣称"dsRNA引发的基因沉默现象存在于所有生物体内"。《转基因大赌局》给人们造成了一种错误印象，即细菌使用的RNA干扰机制与人类一样，但事实并非如此。实际上，他援引的参考文献之一（Tchurikov等，2000）就清楚地表明，在细菌体内并未发现RNA干扰。史密斯混淆了两类截然不同的RNA调节——细菌中的反义RNA（Altuvia和Wagner，2000），与局限于真核微生物的RNA干扰。

（6）《转基因大赌局》忽视了一个事实，即研究人员可以很容易地避免使用会产生新的dsRNA分子的排序。史密斯没有引用描述dsRNA基本结构的相关文献，也未提及可用于将dsRNA植入细胞的方法。科学家们已经开发出了dsRNA插入片段，使用这些片段可以关闭植物中的某些基因。我们对于dsRNA组成结构的了解使得我们可以避免采用那些可能会形成非预期dsRNA分子的基因或DNA序列。目前最为先进的技术是在一个新的转基因植物中可以制造想要的dsRNA，避免非预期的dsRNA。

2.9　所有的植物育种都会产生DNA混杂

抗农达大豆中的转基因插入片段导致了部分地方的DNA混杂，但这一过程与自然界中普遍存在的DNA混杂现象异曲同工。

《转基因大赌局》的虚假言论：

抗农达大豆产生了非预期的 RNA 变化。

（1）转基因之后置入一个"停止信号"，告诉细胞"在这一点停止转录"。

（2）转基因大豆中"停止信号"未能发挥作用，导致 RNA 片段长于预期。

（3）转录的来源包括转基因、周边转基因片段，以及变异的 DNA 序列。

（4）RNA 进一步重新组合产生变化，而每种变化都可能产生危害。

（5）存在问题的"停止"信号可能引发了 RNA 重组。

（6）同样的"停止信号"也应用在其他作物中，可能导致类似的"重组"和 RNA 加工。

史密斯推断，如果在某一转基因大豆品种内 RNA 终止信号无法完全有效地终止转基因 RNA 信息，那么就可能产生理论问题。

经过同行评议的研究分析表明：

RNA 终止信号总是与转基因插入片段结合，其目的是阻止植入 DNA 片段之外的遗传材料形成 RNA。这个刻意植入的终止信号可能无法实现 100% 有效。这种情况下，转基因植物中就可能产生一些新的 RNA 分子变体。进化过程中的遗传改变也可能导致植物体内产生很多新的 RNA 分子变体。《转基因大赌局》并未评价植物中 RNA 变体带来的风险，而且这些变体在食物和饲料中也经常出现。这本书没有提及，与使用遗传工程技术育种比较而言，传统育种更有可能产生新的异常的转录体。史密斯未能说明 RNA 转录过程的微小变化产生了那些有害影响，可能是因为他忽视了一个证据，即这些虚拟的转录体或者根本就不存在，或者存在水平很低，无法转化成为蛋白质。需要重申的是，在所有的推断猜测中，这些大豆的检测结果都只包含了希望引入的蛋白质。一项全面的安全评价表明，转基因大豆在各方面都与其亲本高度相似。抗农达大豆是全球首个转基因作物，种植面积已达数亿公顷，从未发生任何问题；人类和动物食用抗农达大豆也有十几年的历史，迄今尚未出现任何可观测到的不良影响。

（1）正常细胞都会产生很多微小信息，且常常不能在适当的时候停止产生信息。没有证据表明因为应终止而未部分信息而产生的低水平变异 RNA 信息产生了任何不良影响。抗农达大豆种植已有 12 年的历史，种植面积高达数亿公顷——事实上，抗农达大豆是全球最早的转基因作物。迄今为止，尚未观测到抗农达大豆产生过任何不良影响。

（2）史密斯论断的理由是抗农达大豆中意外发现了两个小的 DNA 片段，但没有数据表明这些 DNA 片段转化成了蛋白质（Windels P 等，2001；Rang 等，2005）。变异 RNA 信息可能存在，但浓度很低，且会很快降解，因此不可能产生新的蛋白质。这些小的片段检出后，安全监管部门对其影响进行了评价，最终宣布抗农达大豆是安全的。

（3）有充分证据表明，抗农达大豆并未形成非预期的畸变融合蛋白质。史密斯没有告诉读者，或并不清楚，科学家可以借助敏感的方法检测出通读转化体可能产生的非预期蛋白质。检测结果表明，抗农达大豆中只含有预期的蛋白质（Kärenlampi 和 Lehesranta，2006；Cellini 等，

2004)。针对史密斯所有的"因果推断"都有证据表明并未出现任何融合蛋白质。

（4）植物不断地进行插入和重组，形成融合蛋白质和新的转录体，但这一过程从未产生过任何不良影响或危害。染色体在植物体内发生的数量庞大的 DNA 混杂事件可能会形成相似的新的 RNA 变体，也会产生与史密斯描述类似的假设风险。有证据表明，传统育种造成的 DNA 中断更多，因此形成新转录体和新蛋白质的可能性更大。植物染色体普遍的 DNA 混杂现象前文已有论及，例如在第 2.1 节和第 2.2 节。放射暴露仅仅是混杂的一个原因（Shirley 等，1992；Gorbunova 和 Levy，1999），目前的食品供应体系中至少有 3 000 种因有意暴露在电离辐射下而产生的各类突变植物品种（IAEA，2008）。就是传统作物中普遍遗传变异性的典型例子是水稻（Batista 等，2008）和小麦（Baudo 等，2006）。

2.10　作物的化学组成千差万别

粮食和饲料作物的化学组成各色各样。

《转基因大赌局》的虚假言论：

蛋白质的改变会引起成植物中千上万个自然化学物的变化，增加毒素或减少植物营养素。

（1）植物能产生成千上万个化学物，摄入之后可以抵抗疾病，影响行为。

（2）《转基因大赌局》一书本节中描述的基因组改变会带来这些化学物的组成与浓度的变化。

（3）例如，转基因大豆产生的具有抗癌作用的大豆异黄酮就低于传统大豆。

（4）这些天然产品中多数转基因诱发的变化都无法检测。

史密斯表示植物中含有成千上万个自然化学物，并推断任何这些化学物的水平变化都可能产生危害。

经过同行评议的研究分析表明：

《转基因大赌局》中关于化学组成的讨论事实不清，误导读者。史密斯未能认识到，作物组成根据品种、生长季节、地理环境，甚至是同一块农田里的不同位置都会有所不同。全球范围内批准和种植转基因作物的构成与同一作物其他品种的构成并无显著差异——各个品种之间都会存在微小差异。作物构成略有不同的情况非常普遍，并没有产生过任何危害或健康影响。另外，转基因作物都经过仔细分析，可以说转基因作物比未经调节或测试的新的传统品种更有可能与其他品种的构成保持一致。史密斯引用了一篇冗长谬误的论文，文章宣称转基因大豆的大豆异黄酮含量比其他大豆低 14％，这恰恰证明了他对于这一问题的无知。史密斯不清楚，大豆异黄酮含量变化幅度可达 200％～300％，但转基因大豆的大豆异黄酮含量证明与其亲本品系完全一致。

（1）植物构成并非千篇一律，而是因品种、种植地点和栽种年份会有很大不同。我们用作粮食和饲料的植物中含有多种多样的植物分泌化学物，例如花青素、大豆异黄酮、类化合物和酚类化合物（Ames 等，1990；Baxter 和 Borevitz，2006；Hartmann，2007；Morant 等，2008）。

各类食品和各类传统粮食作物品种中，这些化学物的含量差异巨大（Catchpole 等，2005；Ioset 等，2007；Sautter & Urbaniak，2007；Wang 和 Murphy，1994）。《转基因大赌局》并未提及这一事实。

（2）商业生产转基因作物的构成与同一作物其他品种一致。很多关于转基因作物的研究表明，转基因作物的化学构成只有微小变化（Catchpole 等，2000；Cellini 等，2004；Ioset 等，2007；Lemaux P，2008；第 3.6 节：转基因食品的营养含量发生变化了吗？Padgette 等，1996；Shepherd 等，2006；Shewry 等，2006；Taylor 等，1999）。观测到的差异完全在某种粮食或饲料作物传统作物种类化学含量的自然差异范围之内。换句话说，某一作物传统品种之间的构成差异要大于转基因作物与其传统亲本之间的差异——实际上，转基因技术带来的变化更少更小。

（3）尤其需要理解的是，作物食品是生物材料，因此会呈现生物变异性。化学构成对于理解安全检测非常重要（Cellini 等，2004；EFSA 动物喂养实验专家工作组，2008）。任何动物喂养实验，以大豆为例，都必须准确测定大豆中大豆异黄酮类化学物的含量。这类信息非常必要，目的是为了确保动物生长的变化并非是用于比较喂养效果的各种豆粕大豆异黄酮含量不同所引起的（Brown 和 Setchell，2001；Thigpen 等，2004）。

（4）关于构成变化的讨论必须考虑到，作物中各个组成成分的含量都差异很大——组成成分呈现显著生物学差异的转基因作物从未获得批准。《转基因大赌局》关于遗传工程引起化学物含量变化的讨论忽视了一个事实，即这种变化在传统食物中普遍存在，因此这种分析对于食品安全既无意义，也无帮助。

（5）史密斯关于转基因大豆的大豆异黄酮含量"较低"的讨论是偏见分析的典范。史密斯援引了一篇论文，文中表示抗农达大豆的大豆异黄酮含量比传统大豆低12％～14％。问题是，该研究设计存在漏洞，也并未看到其他宣称获得的结果实际上没有任何意义（Padgette SR等，1996；Taylor NB等，1999；Petterson 和 Kiessling，1984；Wang 和 Murphy，1994）。例如，研究中使用的转基因大豆和对照大豆分属不同品种——他们不是自己种植大豆，而是买来的品种。根据之前的出版物报道，不同品种大豆的大豆异黄酮含量可能相差 200％～300％，即便是同一品种在不同地区种植差异也可能高达 200％～300％（Petterson 和 Kiessling，1984；Wang 和 Murphy，1994）。14％的差异毫无意义。此外，史密斯还忽视了两篇经同行评审过的论文，文中表示抗农达大豆的大豆异黄酮含量与其他大豆一样（Padgette 等，1996；Taylor 等，1999）。

《转基因大赌局》表明，此书的初衷并非告诉读者科学文献（Lemaux，2008；第 3.6 节）的真实信息。抵制转基因的活动分子们仍然援引着史密斯使用的文章，宣称转基因大豆会降低大豆异黄酮的含量。

2.11　生物变异性在作物变异性中具有典型性

转基因作物中没有观察到任何实质性的营养成分或毒素改变。

《转基因大赌局》的虚假言论：

转基因作物改变了营养成分和毒素的水平。

（1）很多转基因研究表明，转基因作物的营养成分、毒素、过敏原和新陈代谢的小分子产物都发生了非预期改变。

（2）这些变化表明遗传工程引发的非预期改变存在风险。

（3）安全评价不足以防范这些变化带来的潜在健康风险。

《转基因大赌局》宣称，转基因作物中营养成分、毒素和过敏原的改变会带来安全评价无法控制的风险。

经过同行评议的研究分析表明：

《转基因大赌局》提出一系列论断，试图证明转基因作物被意外发现与传统作物的构成有异，有些时候新开发转基因作物的构成会令调查人员感到惊讶。毫无疑问，科学会带给人惊奇，所以我们才会讨论研究和发现过程。尽管如此，史密斯描述的部分事件对于亲眼见证的科学家而言却不足为奇。转基因作物投放市场之前，其构成都要经过详细评价。如果成分分析无法证明其与同一作物的其他种类具有相同水平的安全和营养特性，转基因作物就不会得到批准。针对转基因作物开展的严格分析并未涵盖传统作物。这种做法似乎有些矛盾，因为研究表明传统作物的构成变异性比转基因作物更大，而且传统育种方法会比精确的转基因方法产生更多的非预期变化（Beckmann 等，2007；Catchpole 等，2005）。如果史密斯真的关注食品安全而不是给转基因食物抹黑，他应该早就注意到成千上万的传统食物都没有像转基因作物一样接受细致的分析和密切的调查。

（1）活体植物构成的生物变异性很高。食物构成存在差异很正常，虽然会给传统育种带来风险，但很少对食物消费者产生不利影响。很多传统食物，包括马铃薯、番茄、芹菜和木薯，都含有有毒成分。例如，大量科学研究证明马铃薯的某些化学物含量差异极大，且含有神经毒素（Beckmann 等，2007）。其他食物，如花生和猕猴桃也会成为过敏原。通过适当的防范措施，可以对这些存在潜在危害的传统食物实行安全管理（NAS，2004；Knudsen，2008；Cellini 等，2004）。

（2）与自然变异比较而言，转基因作物的非预期构成变化可以忽略不计。科学家对于转基因粮食作物的所有可检测到的成分都进行了测量，从而对转基因食物构成开展了全面的化学分析。蛋白质、RNA 和代谢成分的检测结果证明，转基因片段插入对植物构成的影响远远小于传统育种。传统育种作物的构成差异大于转基因作物。很多转基因食物都有证据表明其发生的非预期变化可以忽略。史密斯原引的参考材料都表示，转基因作物的构成变异在正常的预期范围内。这些变异从未引发过安全问题（Baker 等，2006；Catchpole 等，2005；Ioset 等，2007；Kärenlampi 和 Lehesranta，2006；Lemaux，2008；第 3.6 节；Padgette 等，1996；Sautter 和 Urbaniak，2007；Shewry 等，2007）。

这方面部分最有决断性的工作是由英国食品安全局资助的（Catchpole 等，2005）。研究着眼于马铃薯中化学成分的有意遗传操作，对马铃薯中的 230 个不同种类代谢物进行了全面分析。研究表示，能够观测到的因遗传操作引发的变化只是那些根据对新陈代谢机制生物学理解而预测会出现的变化。英国食品安全局就这一问题发表了很有价值的综合报告（食品安全局，2005）。史密斯没有援引最新发布的报告，报告列举了大量的证据证明，转基因插入引起的代谢物变化都在传统作物品种的变化范围之内。

（3）转基因食品的安全评价总是会评估潜在有毒物和过敏原。事实上，食物中存在的已知有毒成分或潜在有毒成分（例如芥子苷或异黄酮含量）是转基因食物投放市场前接受安全评价的必检内容，但对于传统食物却没有这一要求。从构成的角度来看，转基因作物很可能更加安全（Knudsen I 等，2008）。转基因作物获批之初还没有国际通行标准规定各种作物需检测的内容。因此，较早审批阶段（20 世纪 90 年代）开展的构成分析并不总是完全一致。近年来，全球各国监管部门获得的构成分析数据都遵守了各个作物的国际通行标准。例如经合组织的共识文件，经合组织（2001—2008）http：//www.oecd.org/document/9/0，3343，en _ 2649 _ 34391 _ 1812041 _ 1 _ 1 _ 1 _ 1，00.html，2008 年 12 月 21 日评价。

（4）食物构成的非预期变化可能来自遗传之外的其他原因（Padgette 等，1996；NAS，2004；Wang 和 Murphy，1994）。很多因素都会导致构成差异，例如，虫害造成的损失、降雨减少引起的缺水或种植方式或其他操作的改变。审批通过前，转基因作物通常会选择 3～6 个分隔较远的地点与传统作物毗邻种植，粮食或饲料产品的收获要经过 2～3 个生长季节。转基因作物的构成由这些严格控制的研究决定。目前全球市场上的转基因作物没有一个在构成上显示出具有生物学意义的不同——事实上，经检测每个成分的构成都在作物中该成分可观测到的正常范围之内。食物成分含量水平变化并不表示转基因食物比传统食物风险更高。需要注意的是，我们必须确保观测到的差异是由基因引起，而非文化引发。

（5）正是因为食物构成存在生物变异性，所以才需要开展比较式的安全评价。也就是说，所有食物，包括转基因食物，其安全都要通过与传统食物的构成安全进行比较来加以评价。与多个品种进行比较的做法值得推荐（Konig 等，2004）。

（6）转基因作物可能比传统作物更为安全。尽管安全使用的历史总体较长，但很多传统食物从未接受过化学物安全的系统评估，尽管众所周知这些食物含有可能有害的成分，例如过敏原和毒素（Knudsen，2008）。

（7）《转基因大赌局》对于转基因作物变异的描述有失全面准确。史密斯援引了很多据他宣称能够证明转基因技术存在着根本的不确定性的文章。这些文章分为几类：①以较早研究为案例，研究中使用转基因技术出现了一些预期之外的结果。在很多援引的案例中，研究人员本可以预见到这些变化；而在其他情况下，研究人员发现了一些新的结果——这是研究的本质；②还有一些文章提到了各种被后来的分析证明为不准确或不存在有意义差异的研究（Padgette 等，1996）。当然，研究过程中事情也不会总是完全按照计划发展（因此我们才称之为研究），但如果出现安全或表现方面的不良结果，相关产品是不会上市的。我们能够检测出不同这一事实恰恰说明了安全制度发挥了作用。

（8）确定食物可以安全食用无需分析其每个成分。

《转基因大赌局》试图辩解，我们没有对食物或饲料中的每个成分进行分析，所有可能变化无法检测出来。虽然开展的分析远比史密斯令读者相信的更加精密完整，但食物中并非所有成分都要分析却是一个事实。科学家会分析食物中的重要成分，通常是100～150个不同的成分，包括所有的巨量营养素（蛋白质、碳水化合物和脂肪）、维生素、矿物质、氨基酸、总脂组成，以及所有已知的过敏原、抗氧化物以及其他具有生物学意义的成分（例如，大豆异黄酮，因其可能有保健功效）。分析对象占食物构成的99%以上；更为重要的是，分析中涵盖了食物中所有已知具有生物学意义的化合物。同样，细胞内部各个代谢途径也是相互联系的。如果大量化合物的变异性都在正常范围之内，考虑到环境和处理影响，其他化合物存在显著差异的可能性很低。实际上，这种观点也有例外，因为植物组织中存在大量的可能化合物，但传统育种比遗传工程育种产生非预期问题的机会更多。目前有越来越多的证据表明，与更为精确、中断程度较低的基因插入技术比较，传统育种给植物构成带来的改变更多（参考上文第2点）。最后，迄今为止，全球范围生产的食物和饲料都是可以安全食用的。

第3章
过敏性评估发挥了正常作用

3.1 转基因大豆不比普通大豆更易致敏

科学家保证转基因大豆不会致敏。

💡 **《转基因大赌局》的虚假言论：**

巴西坚果中的基因将过敏性带给了大豆。

（1）一种巴西坚果的某个基因植入了大豆。

（2）有实验证实食用巴西坚果过敏的人也会对转基因大豆产生过敏反应，但这个项目随后被取消。

（3）研究表明遗传工程可以将致敏蛋白质转入植物。

巴西坚果的某个基因转入大豆，常规安全评价发现，食用巴西坚果过敏人群的血清对转基因大豆的反应为阳性。

经过同行评议的研究分析表明：

史密斯引用了巴西坚果致敏性可以通过遗传工程转移给大豆的故事，以此证明致敏性可借由转基因技术转入食物。为了强调他的观点，他辩称，检测出这类潜在的过敏原非常困难，因为如果科学家使用的血清样本来自那些对巴西坚果不过敏的人，那么他们就可能错过潜在过敏原。在其对转基因作物的狂热批判中，史密斯完全隐藏了，或者故意混淆了一个事实。巴西坚果潜在过敏原检测试验中一直选择的是巴西坚果过敏人员，因为他们的血液中含有针对这些过敏原的抗体，而普通人没有这种抗体——这是过敏发生的机理。史密斯还混淆了一个事实，即研究人员有能力在研发初期就发现潜在问题。没有人希望食用致敏食物；而且这个故事表明我们有完善的科学方法可以确保不会出现这种状况。这个故事应该被理解成一个科学上的成功范例，让消费者消除转基因食物致敏的疑虑。还需提到的是，研究人员会尽量避免使用分离已知对人类致敏的生物体的基因。

（1）研发企业清楚安全检测的必要性。众所周知，几乎所有的食物过敏原都是蛋白质——我们知道，蛋白质由基因编码（Mills 等，2004）。因此，很明显，如果从人们过敏的某种植物转出一个基因，那么研究人员就要小心确保不会将过敏原也一并转出。先锋公司启动这一项目时，他们选择的蛋白质并不是已知的潜在过敏原。尽管如此，他们还是请食物过敏专家对其营养加强型大豆的安全性进行了评价（Nordlee 等，1996）。这里需要指出的是，评价致敏性可能是上市前安全评价过程的一个必要步骤（Lehrer 和 Bannon，2005）。

（2）一种蛋白质是否为已知食物过敏原不难判定。科学家可以评价蛋白质序列决定其与任何已知过敏原的相似程度。如果蛋白质来自致敏植物，或与某种过敏原相似，研究人员可以检测过敏群体血清样本中的过敏抗体是否与该蛋白质发生反应——如果蛋白质对过敏相关抗体反应呈阳性，那么这种蛋白质便有可能成为一个过敏原，但假阳性也时有发生。科学家还可以检测过敏血清中的抗体是否结合在一个与已知过敏原同等大小的蛋白质之上。这种检测能够提供进一步的证据，因为不可能有另外一种完全同等大小的蛋白质呈现假阳性反应。还可以开展过敏物质的皮肤点刺实验来确定该蛋白质是否作用于人体。这正是食品过敏专家在本案例中开展的实验（Nordlee 等，1996）。因为他们观测到阳性结果，所以他们提醒研发企业，其可能将之前不明的食物过敏原转入了大豆。可以得出的结论是，科学家已经开发出非常可靠的方法来甄别食物过敏原。

（3）研发企业终止了项目。安全检测的目的是评价一个产品对消费者是否安全（Lehrer 和 Bannon，2005；Goodman 等，2008）。在这一案例中，当研究人员明确转入蛋白质可能成为一种过敏原时——但没人食用过这种大豆，或对其产生过敏反应——他们就终止了项目。这种大豆在研发初期就已经淘汰；该品种从未提交监管部门，或试图上市。这就是上市前安全评价的作用，其目的是帮助研发企业确保只有与其他产品同等安全的转基因产品才能投放市场。事实上，转基因产品从未引起食物过敏（Goodman 等，2008）。具有讽刺意味的是，95％以上的食物过敏都是由 10 多种常见食物导致的（Bannon 和 Lehrer，2005）。非转基因食物无需接受上市前测试；而当其导致过敏时，它们也不会被清出市场。

（4）上市前安全体系能够保护消费者和生产者。企业出售影响消费者健康的残次产品不利于自身发展，消费者也不想要劣质产品。转基因作物上市前的安全评价很容易检出已知的食物过敏原，但传统作物或有机产品却无需接受这种评价。

3.2 当今的食物过敏标准更为精确

不当的检测标准可导致所有蛋白质都与过敏原相似。

 《转基因大赌局》的虚假言论：

大豆、玉米和木瓜中的转基因蛋白可能成为过敏原。

（1）实验无法保证转基因蛋白不会致敏。

（2）世界卫生组织与联合国粮农组织制定了相关标准，有助于尽量降低致敏转基因作物获得批准的可能性。

（3）转基因大豆、玉米和木瓜未能满足这些标准。

（4）这些食物中的转基因蛋白与已知过敏原非常类似。

（5）审批转基因作物的监管部门忽视了这些证据。

世界卫生组织与联合国粮农组织建议的标准使得很多蛋白看起来与过敏原相似。

经过同行评议的研究分析表明：

《转基因大赌局》宣称，监管部门批准了含有潜在致敏性蛋白质的转基因作物。这一说法的问题在于它完全是基于过去使用过的不合理也不可信的致敏性评价方法。如果一种蛋白质不是非常接近已知过敏原，那么它成为潜在过敏原的概率就会微乎其微。因此，将一种蛋白质与所有已知过敏原进行具体全面的比较会让研究人员对于该蛋白质的潜在致敏性有很大把握。很明显，如果我们改变这种规则，相似程度较低的蛋白质也被归入过敏原类别，那么就会有更多的蛋白质被标识成为潜在过敏原。这并不意味着这些蛋白质都是过敏原，而仅仅是我们选择了非常不科学的规则来界定过敏原。史密斯并未告诉读者，根据最新的过敏性评价方法，他的例子不应被视作潜在过敏原。

（1）实验可以保证，转基因蛋白质并不比我们膳食中的任何其他蛋白质致敏可能更高。多数食物过敏原都是蛋白质（Lehrer 和 Bannon，2005；Mills 等，2004）。一种食物可能含有成千上万种蛋白质，因此全球居民食用的蛋白质可能多达数百万种。导致食物过敏的蛋白质非常少。事实上，所有食物过敏中有 90％～95％都是有 10 种主要食物引起的，可能有 200 多种食物基本不会致敏（Hefle 等，1996）。几乎所有这些过敏原的结构和具体化合物构成都已明确，并在数据库中存有相关信息（例如，参考 http：//www. allergenonline. com/）。科学家可以将蛋白质与数据库中的所有信息进行比较，并通过计算机软件运算确定该蛋白质与已知过敏原的相似程度。这种安全评价的目的是确保与已知过敏原相似的蛋白质不会进入食物中。这些实验无法预测未知或之前未经描述的过敏原，但由于开展了分析检测，我们可以说转基因蛋白质并不比膳食中其他蛋白质成为新过敏原的可能性更高（Goodman 等，2008；Ivanciuc 等，2008）。

（2）一种蛋白质与过敏原的相似程度直接取决于相似的定义。如果制定的标准要求将一种蛋白质与所有过敏原都进行极为严格的比较，那么只有完全相同的蛋白质会被界定为潜在过敏原。如果标准过于宽松，那么很多不是过敏原的蛋白质就会被界定为可能的过敏原。制定标准方面开展了大量的分析研究，因此我们可以有把握判断一种蛋白质与过敏原是否相似（Goodman 等，2008；Ivanciuc 等，2008）。

（3）联合国粮农组织和世界卫生组织要确保所有潜在

过敏原均接受检测，因此他们降低了过敏原匹配的标准，从而使得很多非过敏原被划定成为了潜在过敏原。史密斯并未告诉读者，科学家围绕着界定阳性匹配的标准究竟应该严格到何种程度进行了很长时间的辩论（联合国粮农组织/世卫组织，2001；Goodman 等，2008；Ivanciuc 等，2008）。掌握食物过敏原的一些基本知识对于理解这个案例非常必要。

食物过敏的媒介是一类称为 IgE 的抗体。这些抗体的某些区域与过敏原的特定目标位点结合——想象拼图中的两个图块结合到一起。只有过敏原分子在特定结合位点与其 IgE 抗体结合，才会出现过敏反应。抗体与过敏原的结合位点称为表位，很多过敏原表位上蛋白质材料（称为氨基酸，即所有蛋白质的组成单元）的独特模式——称为氨基酸序列——均已确定。

表位可以视为过敏原的指纹。任何两个表位都不可能完全一致，且表位必须结合其各自的 IgE 抗体才能发挥作用。利用这些序列知识并通过计算机搜索程序，研究人员就可以确定目标蛋白质是否含有任何已知表位——就像指纹匹配一样。显然，如果某一过敏原被检出含有一种表位，那就意味着要深入开展研究。研究人员表示，这一过程中的微妙之处在于一种序列究竟应当与过敏原相似到什么程度才能提出预警。

很多年来，科学家都在使用这一经验法则，即如果他们发现一种蛋白质内连续有 8 个氨基酸结构与任何已知过敏原的 8 个位点一致，他们就会对该蛋白质做出需要进一步分析的标记。需要说明的是，匹配并不意味着该蛋白质就是过敏原——而表示这种可能的相似性应进一步研究。

史密斯严重歪曲了这类分析的意义，辩称匹配就表明蛋白质是过敏原。联合国粮农组织和世卫组织的一个专家小组在 2001 年建议表示（联合国粮农组织/世卫组织，2001），在开展序列和影响分析之前，应将匹配窗口的规模缩至 6 个氨基酸。我们不清楚他们的动机，但似乎这种提议出于政治考虑，希望引入额外的防范措施。

（4）联合国粮农组织/世界卫生组织于 2001 年推荐的 6 个氨基酸结构识别窗口已被证明是一种无效的方法。史密斯坚持把具有 6 个氨基酸表位匹配的蛋白质归为过敏原。首先，这些匹配无法证明蛋白质就是过敏原；除了评价相似程度外，还要考虑其他因素（Goodman 等，2008；Ladics 和 Selgrade，2008）。更为重要的是，目前已经明确，采用 6 个氨基酸窗口方法时，蛋白质错误归类的数量大到令人无法接受。可以推算，在含有 500～1 000 个氨基酸的蛋白质分子中，出现连续 6 个相同氨基酸的频率要远远高于连续 8 个相同氨基酸（比如，打扑克时抓到 4 个 A 的概率要低于 3 个 A）。6 个氨基酸匹配的情况在蛋白质中时有出现，采用这种方法则会使 85％的玉米蛋白质被标记为潜在过敏原。6 个氨基酸窗口已被证明无法有效识别潜在过敏原；一些很有声望的过敏研究专家建议应摒弃联合国粮农组织/世卫组织的 6 个氨基酸标准建议（Ladics 等，2006；Silvanovich 等，2006；Goodman 等，2008；Ivanciuc 等，2008）。关于联合国粮农组织/世卫组织专家组建议的其他标准的应用也被提出了类似的质疑（Cressman 和 Ladics，2008；Ladics 和 Selgrade，2008）。

这里希望大家了解的是，如果科学家过于未雨绸缪（且政治性过强），且没有关注翔实的科学，那么专家也可能犯错误。史密斯显然没有摒弃这一陈旧的理念，而这或者是因为他没有读过相关文献，或者是一些文献使他宣称监管机构有意批准了潜在过敏原。史密斯举出的其他例子中也提到，与已知过敏原相似不足以成为引起关切的理由。

（5）蛋白质消化性是检测致敏性需要考虑的众多因素之一——很多不可消化的蛋白质都不是过敏原。史密斯宣称，转基因作物中的各种蛋白质未能通过消化酶实验——也就是说，这些蛋白质无法消化，或无法快速消化。他还宣称，实验本身存在问题，因其没有反应内脏中的实际情况。消化性实验的问题之一在于之前各个实验室的标准混乱无章，直到最近很多的实验室联合起来测试一个可供所有实验室使用的操作规范，各实验室才实现标准化检测（Thomas 等，2004）。根据标准化之后的方法，目前种植转基因作物中含有的蛋白质可以归入可消化类别。这并不是说，这种方法完全等同于人类消化道的运行模式——两者很可能存在不同。监管部门运用这种实验可以更加确信蛋白质的安全性，因为快速消化的蛋白质致敏可能性较低。蛋白质消化性实验本身的预测价值最近也受到了质疑（Goodman 等，2008）。《转基因大赌局》宣称，另外一种实验，即热敏性实验，没有得到应有重视。监管部门不要求检测热稳定性，因为这种实验对于安全性没有任何预测价值。评价致敏可能不会只采用一种实验，而是要均衡考虑所有证据。

（6）《转基因大赌局》中被归为过敏原的部分蛋白质在全球范围内都大量使用，并未出现过过敏现象。蛋白质可以分解为很多家族，家族成员之间非常相似（Mills 等，

2004；Ivanciuc 等，2008）。我们已经知道，食物过敏原主要是三大类蛋白质家族成员。如果某种蛋白质并非这三大家族成员，那么其成为过敏原的可能性就会非常低。商业化转基因作物中的蛋白质——毫无例外——都不是构成绝大多数植物类食物过敏原的蛋白质家族成员。监管部门非常清楚评价致敏性的重要意义，以及一种蛋白质必须在很多方面高度接近某种已知过敏原才可能带来威胁。如果出现任何致敏性的残留关切，监管部门都不会批准相关作物。历史证明，哪怕是对蛋白质的潜在致敏性丝毫疑虑，监管部门都宁愿牺牲相关作物而确保安全。

（点击下列链接，了解致敏性的更多内容：http：//www. foodallergy. org/，http：//www. nlm. nih. gov/medlineplus/foodallergy. html，http：//www. faiusa. org/？&CFID=11502380&CFTOKEN=32132995）

另见：3.5　星联玉米中的农药成为过敏原的可能性很低

3.3　Bt 作物致敏或致病的可能性更低

Bt 作物不会致敏或致病。

《转基因大赌局》的虚假言论：

Bt 作物可能导致过敏或疾病。

（1）土壤细菌（Bt）可以产生一种天然杀虫剂，作为喷雾使用已有多年历史。

（2）来自细菌的基因被植入作物的 DNA，因此植物会产生 Bt 毒素。

> （3）Bt 作物获得批准的理由是，喷雾无害且 Bt 毒素不会作用于哺乳动物。
>
> （4）事实上，Bt 喷雾与人类和哺乳动物的过敏和疾病有一定关系。
>
> （5）Bt 毒素也会引发大鼠的免疫反应。
>
> （6）史密斯认为 Bt 蛋白对哺乳动物有毒，且会导致过敏。

经过同行评议的研究分析表明：

Bt 制剂在农业和林业领域大规模应用已有 50 多年历史，其安全记录令人惊叹。令人称奇的是，尽管大面积喷洒于作物和森林时，人们与高浓度喷雾密切接触，但据记载出现的不良反应却屈指可数。有机种植者已经开始依赖这些生物农药。Bt 制剂已被证明针对性强且无毒副作用。关于各类 Bt 蛋白质对于少数密切相关昆虫生物选择性分析的翔实可靠，科学文献中其他主题少有能及。《转基因大赌局》援引的研究只是泛泛地说明了 Bt 蛋白质与各类细胞的非特定结合现象，但并未证明 Bt 对这些细胞具有毒性。杰弗里·史密斯说明的是工人向作物喷洒全细菌农药时，一些不幸的工人出现了不良反应——但没有一例是因为 Bt 蛋白质。不良反应的出现是因为工人接触了数十亿的活体细菌。通过 Bt 培育的转基因作物不含有这些细菌。另外，对于 *Bt* 蛋白质本身的过敏现象也从未观测到。

（1）Bt 喷雾的使用已有 50 年之久，安全记录良好。美国国家环保局将 Bt 作为一种生物农药进行监管。Bt 喷雾已在很多地区大量使用，用户涉及农业和林业的很多从业人员（Siegel，2001）。人们愿意使用 Bt 喷雾是因为这种喷雾对多数活体生物都没有毒副作用，该产品对于一类昆虫或关系密切的昆虫家族针对性很强。很多科学出版物中讨论了 Bt 蛋白质的安全性，并阐述了 Bt 蛋白质杀死昆虫的具体机理。实验分析中鲜有不良反应的报道（Siegel，2001）。

（2）Bt 喷雾中含有数十亿全活细菌，可能偶尔会产生不良反应。Bt 农药实际上是含有能够产生 Bt 蛋白质的细胞制剂。这些细菌通常非常安全，不会对人体产生致病反应，但使用浓度很高的细菌制剂的工人偶尔会受到感染——这种情况更易出现在免疫系统功能下降（年龄、疾病、艾滋病）的人群身上。如果我们暴露在大量细菌之下且细菌侵入我们的身体，那么很多其他非致病菌也会间或导致感染。这类现象称为"机会感染"。在数百万次安全使用中出现的这些偶发事件并不表示 Bt 喷雾不安全。恰恰相反，这些现象证明 Bt 是安全的（Siegel，2001）。通过遗传工程使作物产生 Bt 蛋白质不会将这些细菌带入食物。

（3）Bt 喷雾会间或导致过敏反应，但过敏并非因为 Bt，而是因为细菌中的其他蛋白质。Bt 喷雾中含有数十亿全细菌细胞。每个细胞都可能含有 2 000 种或者更多的新蛋白质。如果一个人持续暴露在高浓度 Bt 下，这些蛋白质都可能引起过敏反应。因此农场工人偶尔会出现过敏。

（4）从未观测到对 Bt 蛋白质过敏的现象。史密斯援引论文表示，应对 Bt 可能出现各种抗体。他没有告诉读者，几乎所有的蛋白质注射到人体皮下或血管中，我们的免疫系统都会产生相应的抗体。这是一个正常的过程。我们对于围绕着血液的很多不同环境和食物蛋白质都会产生抗体，但他们绝对毫无危害。与过敏相关的抗体称为 IgE 抗体。针对 Bt 的 IgE 抗体从未有过报道。有科学文献对此进行了阐述，但史密斯没有引用（Siegel，2001；Betz 等，2000）。

（5）Bt 蛋白质在哺乳动物细胞内没有结合位点。Bt 蛋白质需要结合昆虫肠道细胞的特定位点才能发挥作用——这些位点称作结合位点。只有通过部分消化启动 Bt 蛋白质，它才有可能杀死害虫。Bt 蛋白质将吸附到结合位点，且蛋白质必须进入昆虫的细胞膜内。在细胞膜上形成孔洞，最终杀死害虫（Whalon 和 Wingerd，2003）。哺乳动物细胞中没有 Bt 蛋白质可以吸附的特定结合位点。Bt 等蛋白质有时可能以非特定或随机的方式吸附在细胞或其他蛋白质上，因此调查人员发现 Bt 与其他种类细胞结合不足为奇。尽管一些高质量的研究表明 Bt 蛋白质不与哺乳动物细胞结合，且已发表文章（Betz 等，2003），但史密斯并未引用。通常情况下，这种结合非常薄弱，容易逆转。这些研究从未表明，这些情况下与 Bt 结合的哺乳动物细胞的死亡机理与毒素破坏昆虫肠道细胞的机理一致。迄今为止，这些研究都被归类为与 Bt 作用机理无关的"随机结合"。史密斯也承认他援引研究的结果"模糊不清"。

（6）成千上万的有机种植者都将 Bt 视作效果最好的农药。有机种植者使用的最常见的农药中都含有 Bt 制剂。他们认为这种农药有效且无毒（Zehnder 等，2007）。《转基因大赌局》似乎对其安全性存有疑虑，并间接地批评了环保局对于生物农药的监管。我们认为，不用 Bt 产品有机农业很难维系。我们不得不怀疑，史密斯是否也反对有机农业。

3.4 制造 Bt 的全菌是安全的（所以有机生产者才会使用！）

作物中的 Bt 并不比细菌中的 Bt 毒性更高。

💡 **《转基因大赌局》的虚假言论：**

（1）作物中的 Bt 比 Bt 喷雾毒性更强。

（2）由于浓度和蛋白形式不同，转基因作物中的 Bt 毒素比 Bt 喷雾更加有害。

（3）Bt 喷雾只是间或使用，且能在环境中降解。

（4）作物中的 Bt 毒素浓度是喷雾的成千上万倍，且在每个植物细胞中持续不断地产生。

（5）转基因作物中的 Bt 毒素蛋白形式也毒性更强。

史密斯认为转基因作物中的 Bt 毒素比细菌喷雾中的 Bt 毒素毒性更强。

经过同行评议的研究分析表明：

《转基因大赌局》宣称，由于作物中的 Bt 不会被破坏（其经过改良在摄入后仍有活性），且 Bt 浓度不断提高，我们应相信作物中的 Bt 毒性更高。诚然，Bt 对于昆虫毒性更强——这也是 Bt 作物长势喜人的原因。史密斯在本节中并未提供数据说明作物中的 Bt 对于人体或动物毒性更强。很多研究表明，动物可以消化大量 Bt 而不会产生不良反应——事实上，Bt 蛋白质与其他蛋白质一样会被消化掉。这叫做营养。史密斯又一次提出耸人听闻的观点，而无法提供事实证据或逻辑理由。

（1）喷洒在植物上的 Bt 毒素不会持久，而植物中产生的 Bt 蛋白质却会持久，这也是 Bt 作物比 Bt 喷雾效果更好的原因之一。科学家将 Bt 引入植物，使得植物能够不断生产生物农药。当然，根据防御的昆虫，科学家会把 Bt 产生的位置锁定在叶片、茎部或根部等不同区域（Ely 等，2000；Russell 和 Fromm，1997；Song 等，2000）。杀虫剂使用减少导致成本降低，且劳动和燃料投入也随之减少（Brookes 和 Barfoot，2007）。研究表明，Bt 作物的环境影响也远低于喷洒化学农药（可能也低于喷洒 Bt 生物农药）。

（2）植入植物的 Bt 毒素经过改良，从而能够快速起效，且保持较高水平，以延缓抗性的出现。科学家培育出比 Bt 喷雾控制有害生物效果更好的植物。Bt 喷雾并不总是有效，而且作物植物上很难实现较高水平的 Bt 浓度（Nester 等，2002）。正因如此，小菜蛾已经出现了 Bt 抗性（Shelton 等，1993）。Bt 作物研究人员找到了一种方式，让 Bt 更加有效的同时提高 Bt 在植物组织中的存在水平，借以延迟昆虫的抗性产生。科学家还改良了 Bt 分析，这样 Bt 蛋白质在昆虫体内无需部分消化就可以发挥作用。

（3）Bt 作物中使用的 Bt 对人类和动物都很安全，因此提高人体和动物对其的暴露水平不会产生不良影响。史密斯的观点是改良后的 Bt 分子组合使用会导致更多抗体的产生，这一观点毫无逻辑，因为与 Bt 过敏性相关的 IgE 抗体从未报道出现过（Siegel，2001；Betz 等，2000）。尽管数年来 Bt 作物种植面积累计已达数百万英亩，但人类对其过敏或其他不良反应却从未出现过。同样，提高 Bt 效力和浓度也不重要，因为不仅在 Bt 的广泛使用中从未观测到不良反应，而且还有科学研究表明，Bt 蛋白质对于动物而言既不致敏也无毒性（Siegel，2001；Betz 等，2000）。Bt 蛋白质的毒性只针对于特定的少数密切相关的昆虫（Nester 等，2002；Whalon 和 Wingerd，2003）。Bt 作物的研发人员，以及其他研究人员，已经发表了研究论文表明，用相当于人类或动物从 Bt 作物中获取 Bt 剂量水平的数亿倍 Bt 喂养动物不会产生任何毒性作用。换而言之，这些研究表明我们可以安全食用数克 Bt 蛋白质，而 Bt 作物仅仅含有微生物。因此监管部门才会批准 Bt 作物。Bt 蛋白质不会伤害哺乳动物。我们必须补充说明的是，产生 Bt 蛋白质的这一细菌的生命周期是自然界的一个奇观。他们是昆虫病原体，能够产生只杀死宿主昆虫的蛋白质，却不会影响其他昆虫。这一现象称为生物特异性。

（4）史密斯在第 3.4 节中的论点并未提供任何关于危害的证据。史密斯辩称暴露水平更高，且分子结构发生改变，但他对于这些变化能够产生危害却没有提供任何证据。他主要是在争辩更高和不同意味着更差。《转基因大赌局》一书中很多观点都沿用了这一模式。唯一一个事实上的例证是，草蛉在吃了食用含有 Cry1Ab 这一 Bt 蛋白质的 Bt 玉米的鳞翅目昆虫后出现了不良反应——这一研究在 2004 年就已被证明站不住脚（Romeis 等，2004）——这一案例发生在史密斯写作《转基因大赌局》很久之前。这里面有两个重要问题值得注意：①科学家发现若想被接受就必须经过独立验证——在这一案例中，其他的科学家证明该观点有误；②史密斯或者是不清楚科学文献，或是有意向不支持其观点的读者有意隐瞒事实。

3.5　星联玉米成功召回，并未产生过敏

星联抗虫玉米中含有的农药致敏可能性很低。

　《转基因大赌局》的虚假言论：

星联玉米的内置农药具有"中等程度的致敏可能性"。

（1）被美国国家环保局认为具有潜在致敏性的星联玉米获得审批作为动物饲料，但不得用于人类食用。

（2）但是，美国种植的极少量星联玉米却污染了食品供应，导致大规模的食品召回。

（3）据报道，成千上万人的健康受到了影响，包括一些他们认为可能与星联玉米有关的危及生命的事件。

（4）食品药品监督局无法排除其致敏性，专家表示星联玉米具有"中等程度的致敏可能性"。

（5）目前食品供应中仍然存留少量星联玉米。

星联玉米中的 Bt 蛋白不能消化，因此可能致敏。

经过同行评议的研究分析表明：

星联事件在很多方面都是非常可悲。首先，环保局不清楚，这一过程中没有开展任何实验来评价蛋白质是否会成为食物过敏原。他们过多关注的事实是，星联玉米中发现的 Bt（名为 Cry9C）在模拟胃液中不会迅速消化。他们并未批准星联玉米作为人类食物食用。环保局批准星联玉米作为饲料使用则是错上加错。他们接受了研发公司的游说，后者承诺建议农民只将星联玉米用作饲料，但显然他们不清楚在美国的谷物体制中饲料和粮食玉米是完全混

杂的。环保局启动了一个程序，发现星联玉米在食品供应中的存在无法避免。环保局还准备召回一种极有可能是安全的产品。食品药品监督局没有合法选择，只能是在粮食供应中发现了未经审批的星联玉米后发布召回命令。在此过程中，研发公司破产，数以百万计的消费者无端担忧他们是否吃了，或将会接触到星联玉米。如果我们对待转基因作为与对待其他作物一样，且有关当局和消费者没有因为不科学的恐慌心理而过于敏感，那么这一悲剧就有可能避免。Jeff 史密斯在毫无科学证据的情况下断言，转基因食物可能造成了食物过敏事件的增加，这一说法在一定程度上导致了人们无端的恐惧。

（1）星联玉米中的 Bt 基因从未成为致敏原，星联事件的审慎分析表明，星联玉米种的 Bt 蛋白 - Cry9c 非常可能不是过敏原。与史密斯的论调相反，多数食物致敏专家认为星联玉米几乎不会携带过敏原，而环保局的顾问委员会则认为，星联玉米成为过敏原的概率很小，但真实存在（CDC，2001；Lemaux，2008；Hefle 和 Taylor，2001）。Cry9C 观测到的问题是其在模拟胃液分析中消化缓慢。但由于不消化蛋白并不都致敏，因为这一实验并不表示Cry9C 基因是个致敏原。星联事件发生时，知名专家的科学观点已经与一种传统观点渐行渐远——即蛋白质不可消化是潜在致敏性的表征之一。最近，一些专家表示，我们应当完全摒弃消化分析，因其无法有效检测致敏性（Goodman 等，2008）。环保局与环保局专家委员会对消化分析过于倚重。他们把不易消化作为致敏性的一个指标，但并未充分考虑其他因素，例如 Cry 蛋白从未导致人类过敏，或存在疑问的 Bt 蛋白 - Cry9c 与任何已知过敏原

都不具有结构上的相似性。可能是环保局采用的方法过于
保守，希望 100％地确定 Cry9C 基因不会致敏。

（2）星联的真正问题在于它并未得到人类食用的批
准，因此在食物系统中出现时必须被召回。法律对此有明
确规定：为保护消费者，食物系统中出现的所有禁用添加
剂均需召回。食品药品监督局并未调查星联是否存在危
害，因为问题的实质是该产品未经审批。这一事件的后果
非常严重。其生产商安万特被美国农业部处以数百万美元
的罚金，并要向因召回受到损害的消费者和公司支付数百
万美元的赔偿金。这一事件直接导致安万特从行业中退
出。商店、饭店和食品加工企业蒙受损失。直到最近一段
时间政府确定食物系统中星联玉米的存在水平不再可检出
之前，美国所有的玉米都要接受检测（环保局，2007）。

（3）人们因为召回心存恐惧，并将很多疾病归咎于星
联玉米。这是一个令人遗憾的事实，具体细节都有翔实记
录：星联等恐慌谣言散布出来后，有人随即病倒，他们自
然就将生病归咎于召回的产品。想一想，如果你吃了一个
玉米卷，几小时之后生病了，然后听到有人说政府正在召
回玉米卷，你是不是就会想可能你生病就是因为吃了玉米
卷呢？消费者认为召回的产品都是危险的，这种想法无可
厚非。实际上，数十例宣称与星联玉米相关的疾病都已经
过细致调查，没有一个患者体内存在与 Cry9C 发生作用
的 IgE 抗体——而这一条是评价致敏性的黄金标准（He-
fle 和 Taylor，2001）。没有证据表明，某个消费者因为星
联玉米而受到伤害。

（4）星联玉米的人类暴露水平很低。星联玉米在美国
占据的份额只有不到 0.5％。很有可能用于喂养动物的星

联玉米远远超过总量的 75%——农民按要求只能将星联玉米严格用作动物饲料，很多人都遵守这一规定。在美国，直接食用玉米约占玉米产量的 1%，多数食物用玉米都被加工成玉米油或玉米粉。另外，玉米卷所需的玉米糊制作过程，称为 nixtalization（经过热处理和碱处理），基本上破坏了 Cry9C（Shillito 等，2001），因此 Cry9C 的暴露水平进一步减低。典型的人类暴露水平将会是小于十亿分之一克，在最坏的假设情况下位于 99 百分位水平的消费者每天可能接触到几微克（百万分之一克）（Shillito 等，2001；Peterson 等，2001）。很遗憾，在召回风波中，消费者往往不会明确地了解到，产生疑问的材料并不确定是不安全的，而且事实上可能暴露水平非常之低。

（5）史密斯关于转基因作物的言论是无法考证、不合逻辑且有煽动性的。我们请大家特别注意一个表态，"转基因作物投放市场以来，过敏事件激增。在缺乏市场监督或更好的过敏筛查方法时，必须将转基因作物视为导致这一局面的疑凶"。首先，尽管呈上升态势，但食物过敏事件并未激增（Tomaselli，2009）。如果说过去很多年过敏事件缓慢稳步增加的话，那么这种趋势的出现也远远早于转基因作物的出现，多数专家都在寻找原因——有些专家认为食物过敏可能是由于当代卫生状况所致，且无法达到过敏原的正常接受水平（Tomaselli，2009）。史密斯从未就转基因作物致敏或产生不良影响这一论断提出过任何证据，但是他用了一个被称为"因果倒置"的经典逻辑谬论来指责转基因作物。从逻辑上将，仅仅是因为一个事件接着另一个事件不能表示，前一事件导致了后一事件。两个事件建立连续必须能够证明其因果关系，而史密斯什么证据都没有。

另见：3.2　当今的食物过敏标准更为精确

3.6　转基因作物中的芽孢杆菌不会损害肾脏

转基因作物中的芽孢杆菌不会损害肾脏。

　《转基因大赌局》的虚假言论：

转基因作物中绝育花粉的芽孢杆菌可能会损伤肾脏。

（1）玉米与油菜经过遗传改良后会产生一种绝育花粉的毒素，称为芽孢杆菌。

（2）芽孢杆菌对人体细胞有害，并损害了老鼠的肾脏。

（3）尽管在培育转基因作物时，这一毒素应在植物的非食用部分产生，但是植物的各个部分都可能产生这一毒素。

经过同行评议的研究分析表明：

杰弗里·史密斯所讲述的芽孢杆菌的事例可说是《转基因大赌局》中典型的伪科学谎言。芽孢杆菌在细胞内产生或是被注入细胞内后会杀死细胞。正因为此，研究人员才在过去使用芽孢杆菌来杀死某些细胞。检测显示，在含有其基因的作物谷粒中并不存在芽孢杆菌，因此我们永远不可能由于这些作物接触到大量或是可测含量的芽孢杆菌（注意，我们在此非常小心地避免说"零含量"，因为作物中可能存在现有科学手段无法测量出的极微量芽孢杆菌）。没有证据能证明，芽孢杆菌进入食物或饲料中后会产生毒性。事实上，含有芽孢杆菌的作物产品已经进行了动物实验，且并未造成任何有损健康的效果——这一点是史密斯所没有告诉读者的。事实上，这些产品在全世界被数百万头动物及数百万人食用，且没有任何不良效果。这一点就说明这些产品是安全的。

（1）如果向肾脏灌注含有大量芽孢杆菌的溶液，则会观测到中毒反应。《转基因大赌局》中声称如果芽孢杆菌在一个细胞或器官中产生，被注射抑或灌注（即向器官中强行灌入大量含有芽孢杆菌的液体）进入器官，则无疑会导致中毒并可能致命（Ilinskaya 等，1997；Prior 等，1996）。事实上，正因为此研究人员才在过去使用芽孢杆菌基因来培育产生雄性不育花粉的植物。需要注意的是，当细胞内部产生芽孢杆菌时，会出现细胞畸形及死亡的现象。芽孢杆菌一个很有意思的应用方向就是来杀死癌细胞。

（2）在含有芽孢杆菌编码基因的植物种子中没有发现可测含量的芽孢杆菌。研究人员提交的数据显示芽孢杆菌只表现在目标组织中，并不存在于叶或种子内；尤其是在供人和动物消费的种子部分没有检出芽孢杆菌（美国食品及药物管理局，1996）。这些实验显示芽孢杆菌的基因并没有转录进入核糖核酸（RNA）信息中，且类似于芽孢杆菌的蛋白质也未被发现。这并不令人惊讶，因为正如上文所述，产生芽孢杆菌的细胞将不再存活。史密斯推测芽孢杆菌可能在其他组织中产生，而证据明确显示其他组织中并未产生任何可测含量的芽孢杆菌。同时，研究还显示芽孢杆菌与已知的毒素或致敏原并无相似之处。芽孢杆菌在胃液中被消化，并在胃液这样的酸性环境中失去活性。最后，研究人员注意到芽孢杆菌存在于所有植物，是常见的饮食组成部分（美国食品及药物管理局，1996；

Hérouet 等，2005)。

（3）将器官灌注的实验与食用含有芽孢杆菌基因的玉米进行对比会造成误导，是不正确甚至是不诚实的做法。《转基因大赌局》及其引述的类似 David Schubert 这样的所谓科学家声称如果我们食用了含有芽孢杆菌基因的谷物，会令肾脏及其他细胞中毒。这种论断的依据是出现在两篇论文中的实验。这些实验研究了对分离的老鼠器官以及细胞中注射或是灌注含有大量芽孢杆菌的溶液后会出现的效果（Ilinskaya 等，1997；Prior 等，1996)。没有一项研究显示如果给动物喂食芽孢杆菌会造成动物中毒。很多种蛋白质如果通过注射进入器官会产生毒性，但在食物中摄入却是安全的。芽孢杆菌与消化道中胰腺分泌的消化酶（叫做 RNAases）非常相似（Carver 和 Walker，1995)。消化酶不会被身体再次吸收，因而不会在消化道中造成危害。同样，芽孢杆菌也具有这样的特征。这是因为人体将蛋白质分解为小碎片与氨基酸（构成蛋白质的基础物质），进而对其进行吸收，而芽孢杆菌正是一种蛋白质。动物和人类都不会吸收大量的未分裂蛋白质。

（4）有关含有芽孢杆菌作物的论断是《转基因大赌局》中常见的对事实与逻辑的有意歪曲。已发表的科学证据显示动物和人类都不会通过食用这些转基因作物而受到芽孢杆菌的伤害。没有研究显示芽孢杆菌被食用后会导致中毒——几乎所有的已知蛋白质都是无毒的（Delaney 等，2008；Hérouet 等，2005)。芽孢杆菌唯一的毒效要在向肾脏进行大剂量注射时才会出现。史密斯认为芽孢杆菌会损害肾脏，是有害的。欧盟、加拿大、美国等许多国家的监管者根据相应的数据都批准了含有芽孢杆菌的产品供人类与动物食用。如果他们对于这些产品的安全性存有疑虑，他们为什么要这样做？

3.7 赖氨酸含量较高的玉米优于普通玉米

赖氨酸含量较高的玉米对生长和发育的促进效果优于普通玉米。

💡 **《转基因大赌局》的虚假言论：**

高赖氨酸含量的玉米有更多的毒素，并可能会影响动物生长。

(1) 孟山都公司开发出了高赖氨酸含量的玉米。

(2) 如果大量食用，那么增加的赖氨酸可能会对人体健康造成无法预测的不良影响。

(3) 这种玉米同时也包含了更高含量的已知毒物以及其他可能有害的成分。

经过同行评议的研究分析表明：

《转基因大赌局》声称赖氨酸含量高的玉米具有危险的毒性，而动物学家已经证明赖氨酸是安全的，并且相比普通玉米能为动物提供更多的营养。基于糟糕的数据分析杰弗里·史密斯试图说明赖氨酸含量高的玉米并不能起效，因为动物的生长不能因此而得到改善。这种说法无法解释为什么农民愿意付额外的费用去购买无法促进动物生长的玉米。这里所说的玉米并非意在给人食用，但是已经得到批准可以作为人类的食物——也就是说监管者认为这种玉米和其他玉米一样安全。史密斯的论断中有一个关键漏洞，即他假设这些玉米 100％ 都是赖氨酸含量高的玉米，而这种情况是极不可能出现的。专家们表示即便出现这种情况，也不会观测到不良效果——要记得我们食用的多种食物都包含着更多史密斯用来吓唬我们的这种"有毒"化合物。

（1）高赖氨酸含量的玉米在全球都用作动物饲料，并没有用作人类的食物。赖氨酸是包括鸡等在内动物的饲料中所必需的一部分。以玉米为主的饲料不能提供足够的赖氨酸，因此饲养员不得不在饲料中补充赖氨酸，这会增加生产成本。孟山都公司开发出了一种赖氨酸含量高的玉米来替代补充赖氨酸的饲料。而实际上玉米中赖氨酸含量增加的水平非常小（大约 40％），因为保证动物的健康生长并不需要太多额外的赖氨酸（美国食品及药品管理局，2005；Chassy 等，2008）。普通的玉米品种有时候所含的赖氨酸比经生物工程培育的玉米更多（Chassy 等，2008；际玉米和小麦改良中心——《未来的收获 2000 年》）。换一种说法来讲，即在赖氨酸含量高的玉米中赖氨酸的总量介于玉米中正常含量范围内（美国食品及药品管理局，2005）。这一品种的价值在于和普通玉米相比，它能持续地提供更多的赖氨酸。

（2）大量动物实验显示，赖氨酸含量高的玉米与普通玉米混合赖氨酸添加剂相比，能够同样有效或是更有效地支持食用性动物的生长与发育。《转基因大赌局》声称当鸡被喂食赖氨酸含量高的玉米时，能够观察到严重的生长不良。史密斯所没有告诉读者的是 Jack Heinemann（代表着一个名叫新西兰基因生态研究所的组织，该组织是一个反对转基因的游说团体）搜罗了来自不同实验中各不相关的数据，进行了无效的统计对比以支持这一论断。在经过同行评议的科学文献中发表的研究成果以及由研发部门向监管者提供的研究报告均同样显示，赖氨酸含量高的玉米与赖氨酸添加剂能够同样有效地支持动物生长（Chassy等，2008）。再次强调，在现实世界中使用赖氨酸含量高的玉米以促进数百万头动物生长的经验显示，这一产品是有效的。

（3）尽管赖氨酸含量高的玉米被批准作为人类食物，但是这种作物专门以为动物提供饲料而种植。在美国，大约1%的玉米是作为全玉米或是含有全玉米的产品为人们所消费。绝大多数的玉米是以全谷物、研磨谷物以及玉米皮饼等形式作为动物饲料。玉米淀粉以及玉米油均为不含DNA或蛋白质的产品。而它们才是主要供人类食用的玉米产品。让我们明确一下，人类只消费全玉米中极小的一部分，而赖氨酸含量高的玉米100%是供动物消费的。即使少量赖氨酸含量高的玉米进入人类食物体系，那么是不是就有理由像史密斯那样认为这会造成"接触非常规蛋白质的一个巨大风险"？并非如此。

（4）赖氨酸含量高的玉米已被批准可用于人类的食物中，因为与我们日常消费的其他食物相比，它并不会带来更大的风险。正如上文所述，这种玉米中赖氨酸的含量是在常规玉米赖氨酸含量的范围内。（赖氨酸含量的实际值远远低于我们在消费其他食物时摄入的赖氨酸——事实上，玉米并不是美国消费者赖氨酸的一个主要来源）（美国食品及药品管理局，2005；Chassy等，2008）。无疑，如果玉米能够产生更多的赖氨酸，那么也能够产生更多在细胞中合成赖氨酸的化合物，以及赖氨酸分解时的产物。

这是意料之内的。这些同样的代谢物实际上在其他食物中的含量更高，而人们对这些食物的消费频率要远高于对玉米的消费频率（Chassy 等，2008）。尽管那些具有煽动性的言论声称"有毒化合物会增加"，多国的监管者在对比了这些玉米相对常规玉米的化合物增量水平后发现并没有需要担心的理由（美国食品及药品管理局，2005）。再明确一次，我们使用赖氨酸含量高的玉米喂养数百万头牲畜——农民并未发现任何中毒反应。

（5）《转基因大赌局》大大夸大了高赖氨酸含量玉米的潜在消费数量。事实上，农民为高赖氨酸的玉米种子所付的费用要高于为转基因种子或普通种子所付的费用。他们这样做是因为添加的成分用作动物饲料时能为他们节省费用。他们希望将所有更昂贵的高赖氨酸含量的玉米用作动物饲料。可能有少量的这种玉米会进入人类食物体系，而它们的安全性与赖氨酸含量相同的其他玉米并无差别——这是很常见的，因为高赖氨酸玉米中的含量其实并没有高很多。人们食用整根玉米的数量非常有限，而其中的高赖氨酸含量玉米更是微乎其微。史密斯没有提及，或者根本不知道我们在日常生活中通过其他食物摄入了多得多的这种所谓有毒化合物。毒性都是由剂量决定的。可能在很高剂量的水平上，这些化合物具有毒性，但是它们在我们膳食中的含量水平不会造成毒性。事实上，与高赖氨酸玉米相比，动物（以及人类）通常在膳食中摄入的与赖氨酸有关的化合物数量要多得多。而且要记住，这种玉米是供动物而不是人类消费的。因此，莎士比亚会把史密斯的这种说法称为"小题大做"。

另见：《食品安全：关注真实的而非虚假的风险》

3.8 烹煮高赖氨酸含量的玉米不会产生毒素

烹煮高赖氨酸含量的玉米不会产生毒素。

《转基因大赌局》的虚假言论：

烹煮高赖氨酸的玉米产生诱发疾病的毒素。现已研发出具有更高含量赖氨酸的一个转基因玉米品种。

（1）现已研发出具有更高含量赖氨酸的一个转基因玉米品种。

（2）在烹煮和加工时，这种玉米会产生与老年痴呆、糖尿病、过敏、肾病、癌症以及衰老等病状有关的有毒化合物。

经过同行评议的研究分析表明：

认为高赖氨酸含量的玉米会产生有毒物质的说法，其背后有两个严重的概念错误。高赖氨酸含量的玉米不会成为消费者的日常饮食内容。此外，消费麦拉德产物（也叫晚期糖基化终末化产物，简称 AGEs）是很常见的。所谓麦拉德产物就是在烹煮中赖氨酸和糖发生反应后呈现棕色的产物。棕色的面包皮就是一个常见的例子。这些化学产物没有毒性，并且也不存在结论性的证据表明摄入这些产物会造成健康方面的问题；但是针对膳食麦拉德产物对健康的影响有很多正在进行的研究。由于疾病，细胞可以在体内形成麦拉德产物；比如，糖尿病患者体内这些化合物的水平就高得多。多数专家相信疾病不是由食用含有麦拉德产物的食品导致的，并且膳食中的麦拉德产物与疾病之间并没有因果关系。有些科学家对此不同意，但是还无法做出不利于麦拉德产物的证明。因此，这些反对的意见都未被各国监管机构采纳。可能应该记住更重要的一点是，即使膳食中的麦拉德产品会导致疾病，高赖氨酸含量玉米对膳食中麦拉德产物的影响也还是非常有限，因为它仅用于动物饲料。

（1）高赖氨酸含量的玉米不是供人类食用。会被人消费高赖氨酸含量的玉米数量极少。[参见 3.7 节（1）和（3）]

（2）麦拉德反应产物来自食物中赖氨酸和碳水化合物的反应，而这些化合物存在于多种烹煮产品中。许多比玉米更经常食用、在膳食中所占比重更大的食物中都含有麦拉德产物。很多食物的风味与外形就取决于麦拉德化合物。食品专家称之为褐变反应。面包褐色的酥皮以及新鲜面包的香味都是很好的例子。并没有确凿证据显示这些麦拉德产物是不健康的——恰恰相反：一些史密斯没有提及的证据显示，这些产物可能会因为他们的抗氧化性而有益于健康（Lindenmeier 等，2002；Somoza 等，2005）。在 AGEs 形成的时候，具有潜在毒性的氧化物被中和了。AGEs 对于健康的作用则是热门的研究领域。有些科学家试图证明麦拉德产物对健康有害（也叫晚期糖基化终末化产物，简称 AGEs）。许多其他人们摄入的食物包含的麦拉德产物比玉米多得多。如果有证据显示麦拉德化合物有害，那么许多其他食物都要先于高赖氨酸玉米被摒弃——并且记住高赖氨酸玉米并不是给人食用的。换句话说，高赖氨酸玉米与人类在膳食中接触麦拉德化合物的风险并无关系。如果史密斯读过他所引用的文章（Goldberg 等，2004），他应该完全知道这一点。（注：麦拉德产物涵盖了一系列广泛、不同却又相关的化学物质）。

（3）《转基因大赌局》宣传的麦拉德产物对人类健康的影响是带有偏见，且理解是不完整的。麦拉德反应产物可以在体内形成，特别是在人得某些疾病时，而人体也有办法清除这些物质（Ames，2007）。这些物质是否会造成疾病还没有得到证明——它们可能是疾病的症状或是疾病本身导致的后果（Buetler，2007；Pischetsrieder，2007）。比如，在糖尿病患者体内的 AGEs 量就多于普通人体内的含量，因为糖尿病患者血液内的葡萄糖含量可能是正常人的 10 倍。杰弗里·史密斯引用了数篇文章都提到了它们"与疾病的关联"，却没有意识到关联并不是原因和结果的关系。救护车与车祸肯定是相关的，但是救护车并没有导致与之相关的车祸。症状与疾病的关系亦是如此。

再回到膳食中麦拉德产物这个话题，史密斯对一个吸引人的健康问题提出了一个混乱而又带有偏见的说法。在他的几处不当理解中，史密斯混淆了膳食中的麦拉德产物以及人体中产生的麦拉德相关化合物。食物中的麦拉德化合物与体内产生的化合物行为不同。食物中的麦拉德产物多数被肠道微生物降解并通过粪便排出体外（Ames，2007）。（这再一次说明膳食中因高赖氨酸玉米而存在极少量的麦拉德化合物与人体健康无关。）我们在此不去详细完整地照搬区分膳食中麦拉德产物与疾病的广泛医学研究，也不再详细罗列缺乏证据来说明这些膳食中化学物质会导致疾病的各种情况了。

AGEs 的名称下包含很多不同族的分子，但是研究显示膳食中的 AGEs 很少会被吸收，且那些没有被吸收的部分不会绑定或影响 RAGE，即 AGEs 在体内产生的目标物质（称作受体）。正如上文所说，麦拉德反应实际上中和并清除了体内潜在有害的氧化物，以及其他易反应和潜在有害的分子。所以尽管史密斯用膳食中麦拉德产物的危害来吓唬我们，实际上却是我们体内产生的麦拉德产物会造成危害。这种误解引出了糟糕的建议。为了说明史密斯对于那些希望选择能保护身体健康的人们在这个问题上起了多大的误导作用，指出他隐瞒了证明麦拉德产物可能有利于健康的证据就足够了（Lindenmeier 等，2002；Somoza 等，2005）。至少，史密斯冒险踏上了科学研究的一块薄冰，因为这个领域内的专家远没有就他的论断达成一致，认为膳食中的麦拉德产物（AGEs）会对我们造成伤害。有关麦拉德反应的研究历史与重要性等内容，请参阅华威医学院 2007 年的研究成果。有关膳食中麦拉德产物及其与健康的关系，请参阅 Pischetsrieder 2007 年的研究成果。

（4）宣传有关健康的错误言论将误导人们无法就自己的饮食做出合理的决定。《转基因大赌局》中有不止一处提出了这样草率和不负责任的医学谬论。在 1.20 节中史密斯错误地提出了一种危险的膳食风尚——过量服用色氨酸——却没有提供确凿理由来解释严重健康问题的真正原因。现在这里也是这样，史密斯向读者提供了错误的健康信息。在本节中，转基因的产品不会对人体健康造成危害，因为高赖氨酸玉米不会被用作人类的食物。但是这种误导会给人们造成不必要的困扰，使他们无法做出合理的健康决定。如果人们决定避免使用食物中的麦拉德产物，他们将无法获得烹调带来的益处，因为烹调的过程中会形成麦拉德化学物质。人们也会无法获得这些化学物质带来的其他好处。

散布有关食物的谣言造成的不良影响需要严肃对待。再举最后一个例子，还有很多其他的玉米品种（称为QPM）具有更高的赖氨酸含量，现在被许多人，尤其是发展中国家的穷人和小农户用作主食（国际玉米和小麦改良中心——《未来的收获 2000》）。它们是用传统育种的方法缓慢培植的。如果杰弗里·史密斯悚人的谣言在这些群体中扩散，将会让这些人停止食用更高质量的蛋白质来源，而这一来源将大大改善他们的福祉。这将成为一场灾难。《转基因大赌局》对于种植 QPM 玉米的农民来说才是健康上的一个危害。如果我们猜测一下，我们觉得史密斯应该对 QPM 带来的危害只字未提，因为它不是转基因作物。

另见：1.20　用作食物强化的色氨酸会导致健康问题。

3.9　抗病作物不会导致人类疾病

抗病作物不会导致人类疾病。

《转基因大赌局》的虚假言论：

抗病的作物可能会加剧人体病毒和其他疾病。

（1）抗病作物中的病毒基因会产生病毒蛋白。

（2）食用这些植物会抑制人体抵御病毒感染的能力，肠道中尤为如此。

（3）这些蛋白质可能会有毒性，会导致疾病。

（4）病毒的基因改造会产生 RNA，可能会以无法预测的方式影响基因表现。

经过同行评议的研究分析表明：

　　猜测不是科学。科学是要有证据的。抗病作物在进入市场之前经过了全面的安全性评估。如果得不到证据或其他证明的支持，基于猜测而反对转基因作物的言论可能会导致可怕的预测。《转基因大赌局》错误地断言转基因作物相比受病毒感染的作物会让人们接触到更多的病毒成分。这并不正确，并且基于这个观点所形成的论断没有得到支持。食品安全专家相信抗病作物和传统作物相比，具有相同的安全性，或是更安全。

　　（1）多数抗病作物并不产生病毒蛋白。即便在产生病毒蛋白的情况下，蛋白质的安全性也已经过了鉴定。可能最好的例子是在夏威夷种植的转基因木瓜。这种木瓜可以抵御一种植物病毒（木瓜环斑病病毒，PRV）。这种病毒在抗病的木瓜出现之前重创了夏威夷的木瓜产业。令人欣慰的是，我们知道人体接触 PRV 蛋白质后是安全的，因为这种病毒广泛存在，很多人吃了几十年带有 PRV 病毒的木瓜后都没有得病。PRV 较为温和的变种被有意使用，以保护木瓜不受更具破坏性的病毒损伤。食用这些受病毒感染的木瓜也没有致病。同样，用活性病毒保护柑橘的做法也在巴西得到运用，并未致病。Marc Fuchs 和 Dennis Gonsalves 这两位抗病毒转基因木瓜的培育者共同书写了20 余年抗病毒转基因木瓜安全使用的多彩、明确的历史（Fuchs 和 Gonsalves，2007）。他们指出，自从 1992 年起，美国农业部启动了一项全面、仍在进行中的计划，以评估转基因植物的风险。这项计划支持了大量抗病毒转基因植物的安全性研究。严密的科学讨论和研究支持了抗病毒粮食作物的安全性评估。

　　（2）抗病转基因作物带来的病毒蛋白质的风险比食用

受病毒感染的蔬菜和水果带来的病毒蛋白质风险低很多倍。史密斯把这一切完全弄错了。此外，他也绝对没有提出任何证据或研究结果。他引用著名的生物技术反对人士的言论来支持自己的论断——但是缺乏证据的引言是没有意义的，因为科学是基于事实和观察结果的。受病毒感染的植物可能会大量携带多种不同的病毒蛋白。如果这些蛋白质在人体细胞内产生，则理论上可能会有害，但是如果存在于膳食中，那么它们就是蛋白质。事实上，我们的每一顿饭，只要有植物材料，几乎就会有植物病毒蛋白质存在。这对身体是没有毒性的（Fuchs 等，1998；Fuchs 及 Gonsalves，2007；Gonsalves，1998；Hardwick 等，1994；Hoekema 等，1989；Lawson 等，1990；Ling 等，1991）。

（3）没有一种植物病毒导致了人类得病或是给人类造成不良影响！《转基因大赌局》对植物病毒或病毒分离物的潜在危害进行猜测。完全没有科学理由去相信抗病的作物会有害。这些作物令人们接触更少的病毒核酸和蛋白质。在得到监管批准前，这些作物都进行了安全性评估。它们已在农业生产中被应用了数十年，而没有任何不良反应的报告（Fuchs 及 Gonsalves，2007）。

另见：5.9 植物基因不会进入肠道微生物

第 4 章
新的蛋白质都得到了仔细地测试

4.1　转基因蛋白质是经过测试的

转基因蛋白质都经过测试以确保安全性。

《转基因大赌局》的虚假言论：

转基因蛋白质可能出现错误折叠或附着其他分子。

（1）转基因植物中表现出的蛋白质可能与供体有机物中的处理方式不同。

（2）这些区别可能包括了错误折叠或是分子附着，可能会以不可预测的方式造成危害。

（3）当前的研究没有针对这些区别开展足够的测试。

（4）转基因植物中的蛋白质可能会与供体生物中相同的蛋白质并非完全一致。

经过同行评议的研究分析表明：

《转基因大赌局》中的言论认为生物技术改良植物中添加蛋白质的错误折叠可能会导致疾病。此外，如果在蛋白质中错误地添加了糖，可能会导致过敏。这些言论都有两个共同属性：①这些情况从来没有发生过；②这些情况非常不可能发生，因为研究人员进行多项实验都显示植物细胞中形成的蛋白质与最初发现这些蛋白质有机物中的蛋白质完全相同。幸运的是，细胞对蛋白质的折叠与修改的方式与上述方式非常相近，而且我们有办法来评估蛋白质被如何修改了。更重要的是，从来没有什么不良反应与这些所谓专家凭空猜测的言论能搭上关系。我们很惊奇地看到，这些所谓科学专家怎么能够大肆反对转基因作物，想象出各种可怕的景象，却拿不出一点证据来证明。再一次需要指出的是所有转基因植物，以及他们所包含的新的蛋白质，在得到监管部门批准之前都是被仔细研究过的。转基因作物超过十年的种植和消费历史都没有出现一例记录下来的不良后果。

（1）转基因作物中的蛋白质在作物得到批准前进行了仔细的评估。史密斯推测说蛋白质可能在植物中进行了不同的修正，从而与它们在原始寄主中的状态不同。这可能会导致形成潜在的毒素或是引发过敏的蛋白质。他的论断没有来自历史、观察或其他证据的支持，而只不过是对于转基因作物害处更不切实际的猜测。研究人员花费大量投入以显示植入的蛋白质具有活性，并且他们在功能上与原来的蛋白质是相同的。在这一过程中，几乎所有的有机物都以同样的方式折叠蛋白质，所以当蛋白质具有活性时（改良作物要成功，蛋白质就必须要具有活性），它们通常是以正确的方式被折叠了（Delaney 等，2008）。

（2）很多不是过敏原的蛋白质都附有糖。杰弗里·史密斯把这称为糖基化，指的是蛋白质在细胞内形成后会有多种额外的糖附着在上面。的确，有些过敏原上附有非常具体的某一种糖。但同样，植物和动物细胞中绝大多数附有糖的蛋白质都不是过敏原（Altmann，2007）。额外的糖附着在蛋白质上并不能证明会导致过敏。科学文献中没有一个例子显示细菌蛋白如果在植物蛋白中出现糖基化，就会变成过敏原。《转基因大赌局》再一次告诉读者一种科学上虚构的情况，而事实并非如此。

（3）研究人员没有开发出会有附着糖的产品。没有证据显示糖附着或带来新的风险，但是为了增加一道安全保险，研究人员依然避免引入包含附着糖的新蛋白质。可以用计算机对 DNA 序列进行分析，以预测潜在的糖附着位置。因而，含有糖附着位置的蛋白质不会得到选用（Christlet 等，2001；Gavel 等，1990；Julenius 等，2005）。转基因植物中产生的蛋白质也进行评估以确定可能的糖附着。一旦蛋白质附着了糖，就不会得到使用，这是一个事实性的问题。如今，世界上所有种植的转基因作物都没有表达出新的糖基化蛋白。《转基因大赌局》提出了由于糖附着会导致产生具有毒性的新蛋白的疑虑，但是显然没有意识到我们有方法对此进行测试并避免使用这样的蛋白质。

（4）植入豌豆的芸豆蛋白质与已知的植物过敏原类似。虽然研究人员发现大豆蛋白上附着的糖进入豌豆后与大豆中不同，还没有证据显示这会导致过敏（Prescott 等，2005）。事实上，来自大豆的蛋白与植物过敏原有相似之处。很可能，在烹煮的过程中附加的大豆过敏原性质改变了——大豆很少是生吃的——这也是为什么这一物质没有被广泛确认为过敏原。在这一情况下有一个问题，即用以决定一种蛋白质是否致敏的检测体系并不被食物过敏症专家认可为有效的检测方法（参见 1.18 部分）（Goodman 等，2008）。因此，目前还没有证明这一争议中的豌豆蛋白具有致敏性。并且，没有直接的证据显示糖的不同会引发问题。需要注意的是，很多其他的研究者选择不使用这种大豆蛋白质，因为它类似过敏原并且具有附着糖。我们认为这恰恰表明科学家关注食物的安全，当这一项目出现有关安全的疑虑后，就即刻被停止了。

（5）没有科学证据表明转基因蛋白质的错误折叠会导致疾病。史密斯声称将蛋白质从一种有机体转移至另一种有机体中时可能会出现错误折叠，而被错误折叠的转基因蛋白质可能会导致类似朊病毒疾病。朊病毒是导致疯牛病的媒介，但朊病毒是极少数能将正常蛋白分子变成错误折叠蛋白质分子的几种蛋白质之一。最终会导致所有蛋白质呈现错误形态，从而引发疾病。这一系列复杂的事件很明显只在少数动物疾病的情况中发生，所涉及的蛋白质并不在植物中出现（Aguzzi 等，2008）。《转基因大赌局》甚至承认"目前转基因作物中错误折叠的蛋白质不太可能造成类似的威胁"。朊病毒疾病导致的痛苦和折磨非常严重，因而令人非常恐惧。但是幸运的是，朊病毒极其少见。没有科学证据显示，除某些导致牛海绵状脑病类疾病的蛋白质以外、其他蛋白质的错误折叠会变成朊病毒。此外，发表的研究显示错误折叠的蛋白质在细胞中常见（Ravid 等，2008），因而让这种（出现新朊病毒的）可能性进一步降低。

（6）《转基因大赌局》明星没有意识到错误折叠的蛋白质通常会被细胞消除。所有的细胞都有消除错误折叠或被破坏的蛋白质的系统（Ravid 等，2008）。事实上，外来蛋白质通常在进入细胞时被降解，因为它们被细胞正常的蛋白质降解系统认为并非本身产生的。而朊病毒没有被降解的事实可能是牛海绵状脑病类疾病令人颇感兴趣的异常之处所在（Goldman，2007）。

另见：1.18　转基因豆是安全的

4.2　转基因是安全的，在自然界普遍存在

转基因研究显示向植物中植入基因不会产生新的风险。

《转基因大赌局》的虚假言论：

转基因可能在插入时发生了变化。

（1）在插入时，转基因可能会被截短、重排或与外来 DNA 片段混合。

（2）Mon810 中的转基因被截短了，蛋白质提取自转基因序列和玉米自身的 DNA。

（3）变化后的转基因产生的蛋白质可能会造成无法预测的有害影响。

在插入基因时，可能会出现 DNA 变化的情况。

对于每一种转基因植物都要进行一项标准测试，即通过蛋白质分析检查新插入的蛋白质——仅仅是目标蛋白质——被插入了植物产生的蛋白质结构中。进行这项测试的生化手段已经非常成熟，并且能有效显示是不是只插入了一种蛋白质，还是插入了几种蛋白质。这些检测是一种惯例，以确定新加入的蛋白质存在方式与预期的一致。这些检测是确定转基因植物的表现是否与生物技术专家的预期一致，同时也为监管机构提供其一贯所需的信息。在他书中的这一节里，杰弗里·史密斯提出了一系列猜测，认

为转基因作物中可能出现了额外的没有预计到的蛋白质。他似乎没有意识到找出是产生了预计的蛋白质的第一步就是直接检测这些蛋白质是否存在，而这也正是科学家们做的工作。与史密斯的猜测相反，对于他所提及的转基因植物进行的蛋白质成分直接生化分析显示，这些植物只产生预计中的蛋白质。

经过同行评议的研究分析表明：

（1）史密斯将 DNA 序列与转基因植物中实际产生的蛋白质混为一谈。《转基因大赌局》引用的证据的确表明在培育耐除草剂的甜菜时，一段插入的 DNA 丢失了，且插入的 DNA 与甜菜的 DNA 出现合并。这种 DNA 的变化中理论上可能会产生"混合信使 RNA"——信使 RNA 中的一段，包含了插入蛋白质 69％的信息，与足够的甜菜 DNA 相连，以编码出 43 种额外的氨基酸。如今，没有证据表明这样的蛋白质是有害的，因为它是由安全的蛋白质碎片产生——但是注意的问题是史密斯没有告诉读者研究已经显示尽管存在与这些序列对应的信使 RNA，这一蛋白质是不在细胞中存在的（ANZFA，2001）。

（2）Mon810 转基因玉米的 Bt 基因在玉米被食用时会产生正常的 Bt 消化产物。的确，正如《转基因大赌局》中写的那样，对 Mon810 进行编码的基因中只有70％插入玉米染色体。较短的基因意味着这种玉米相比最初在细菌中观察到的情况产生的 Bt 初始蛋白质更小，但是在被靶标昆虫食用后，这种玉米和细菌中的 Bt 蛋白质在消化后会产生相似的活性材料。Mon810 玉米会产生较短的消化前 Bt 基因形式这一点已得到了详细的描述（Agbios n. d. 等，2003），在昆虫生物学家中也已广为人知（Federici，2002；Romeis 等，2004），但是史密斯没有告知《转基因大赌局》的读者，消化后的活性产物是一样的。Mon810 已在超过 15 个国家中得到批准，其中包括了非常谨慎的欧盟。监管者并不认为这种变短的蛋白质会成为问题。科学家对 Mon810 在动物身上的影响进行了仔细的研究，同时在世界上广泛种植后也没有观察到不良的影响（Betz 等，2000）。如果一种蛋白质能被安全的食用，那么很自然的，这种蛋白质的一部分也应能供安全食用。Cry1Ab 被以人类膳食中 100 万倍的水平给老鼠喂食，并没有出现任何影响（除了为老鼠提供营养外）。

（3）变异、删除和插入出现在所有植物的育种过程中。因此，在转基因育种时有时候会出现 DNA 在植物中的重新组合并不奇怪。最近的研究显示，传统的育种过程中有大量的 DNA 被干扰（Batista 等，2008；Baudo 等，2006；Chen，2006；Jiang 等，2004；Kashkush 等，2002；Leitch 等，2008）。比如，植物学家发现稻米中存在超过 1 000 种杂交基因（Jiang 等，2004），至少 3 000 种通过辐照培育的作物变异品种（辐照比转基因插入带来更多的基因重排）被农民使用（国际原子能机构，2008）。但是史密斯却没有向读者告知这些变化。Smtih 引用 Mae Wan Ho 的话声称法国和比利时的科学家已经发现先正达 Bt‐176（一种不再种植的品种）与原来的 Cry1Ab 品种相比只有 65％的相似性，研究人员肯定是弄错了，因为这一产品与 Cry1Ac 有 95％的相似性。Mae Wan Ho 的这一论断没有说明出处，而且显然没有任何科学出版物能让我们对此进行判断。批准这一品种的监管者没有发现插入的 Cry 序列本质上出现了不一致的情况。（《转基因大赌局》2.6 节中史密斯也提到了类似的基因不稳定的情况，我们会通过进一步的分析来讨论这些言论。请参阅下一节）。

4.3 基因重排每时每刻都在发生，没有不良后果

在进化的过程中（非常长的时间），基因并不稳定，会出现重排。有时候重排的幅度非常大。

💡 **《转基因大赌局》的虚假言论：**

转基因不稳定，并且随着时间推移会出现重排。

（1）至少有两个实验显示插入基因的序列与公司所描述的不符。

（2）这意味着转基因是不稳定的，会出现随机重排。

（3）转基因蛋白质可能也因此发生改变，对健康会产生无法预测的影响。

（4）因而，对于初始蛋白质进行的安全性评估不适用于新的品种。

史密斯认定插入的基因本质上是不稳定的，且通过 DNA 重排可能会形成新的、具有潜在毒性的蛋白质。

经过同行评议的研究分析表明：

这些说法令人震惊，但是却没有任何证据能为此佐证。的确，通过转化进行的基因插入可能会导致植物中出现较多 DNA 片段——其中的一部分可能会造成变异。所有植物都包含了许多重复的基因序列，可能也的确成为了基因重排发生的部位。《转基因大赌局》忽略了一个事实，

即在作物的选育和种植过程中这些类似的变化都会出现，但是从来没有造成任何不良影响。换句话说，DNA中这样的变化从未造成实际的危害。转基因作物会经过彻底的安全性评估，其中就包括在获得批准前要求提供基因稳定性的证明。用传统方法选育的作物和有机作物携带更多的基因变异，且没有经过安全性评估。

（1）重复的基因序列可能成为基因重排发生的部位，可能会不稳定。所有活细胞都有让DNA被打乱重排的系统，这一过程叫做基因重组。基因重组多发生在两个相同序列在一个染色体上重复出现，或是位于不同的染色体上（Lewin，2008；Walker等，1995）。DNA重排是进化的主要动力，在所有细胞中都很常见（Kidwell等，2002；Pennisi，2007）。在DNA转化进入细胞中时，可能插入了一段以上的DNA。有时候，这些片段是需要插入片段的复本，有时候这只是一些简单的碎片。科学家努力避免使用携带多个DNA插入复本或是额外碎片的植物。多数用于进一步研究的植物携仅带一份欲插入的DNA片段。偶尔，带有"额外"碎片的植物也会被选用于研究（比利时生物安全资料库，2006）。这些"额外"的碎片似乎不会造成影响基因稳定性的不良后果；要记住，所有植物都带有数百条重复基因序列，成为其染色体不稳定性产生的目标部位。

（2）转基因作物要有用，就需要其基因具有稳定性。作物的遗传稳定性有很大不同。一般针对转基因作物的原则是，这些作物必须至少呈现出和同一作物其他品种一样的稳定性。转基因作物在温室和试验田中进行测试，以评估其一系列的条件，诸如生长表现、新引入性状是否恰当地发挥功能，以及引入性状是否稳定地得以继承。如果新品种不稳定的话，要持续生产大量种子用于每年的种植，即便不是不可能也是很难做到的。此外，从监管者的角度来看，如果新品种不能如同一作物的其他品种一样稳定，就无法保证这一品种对消费者与环境是安全的。《转基因大赌局》没有说明实际上大多数从事农业生产的农民如今每年都购买高质量的种子用以种植——即便是发展中国家的农民也会购买种子。种业公司也尽力保证每年种子的表现差异被控制在最低程度。

（3）没有证据显示转基因作物的不稳定性更高。《转基因大赌局》所依赖的著名抵制转基因人士的言论均声称转基因作物特别不稳定，但在经同行评议的科学出版物中并未对此形成一致看法。《转基因大赌局》在这一节中没有提出证明转基因不稳定性的证据。而一些可信的科学文章则指出了可以测量的不稳定率（Walker等，1997），并描述了诸如影响玉米颜色的不稳定 R 基因座等真正的不稳定植物基因。在 5 亿多公顷土地上种植转基因作物的实践经验显示，转基因作物具有足够的稳定性以在田间较好地发挥功能。在极度缺乏证据的情况下，史密斯武断地将第 1 节中的提及许多不良影响（牛羊的死亡、农民得病、过敏等情况）都归咎于转基因作物中可能出现的基因重排，即他所谓的转基因"作物都是坏东西"。大家应该记得我们对于第 1 节的回应，即转基因作物与史密斯所说的不幸情况并没有关联——他说的那些情况其实并不反常（史密斯对于基因不稳定的言论出现在《转基因大赌局》的 4.2 节与 2.6 节，我们通过分析来回应这些言论）。

4.4　蛋白质的特征得到了仔细地描述

引入转基因作物的蛋白质得到了仔细地描述。

 《转基因大赌局》的虚假言论： · · · · · · · · · · · · · · · · ·

转基因可能会产生一种以上的蛋白质。

（1）遗传工程技术所依据的一种基因只能产生一种蛋白质的说法已经过时。

（2）由于一种被称为替代剪接的过程，单一一种基因可以产生多种不同的蛋白质。

（3）尽管用于转基因作物的细菌基因在其自然状态下不会发生替代剪接，科学家对其基因序列的修改会促使这一过程发生。

《转基因大赌局》声称转基因作物可能实际上包含了错误的蛋白质。

经过同行评议的研究分析表明：

史密斯认为一种基因只产生一种蛋白质的说法过时了。的确，最近科学研究显示通过一种被称为可变剪接的现象，一种基因是可能产生多种蛋白质的；但是这并不能说明我们就不明白正在发生的情况。首先，在细菌中，一种基因只引导一种蛋白质的合成，而在更高级的有机物中情况也几乎都是如此。上文所述的额外复杂情况（一种基因产生一种以上的蛋白质）对于生物技术人员来说意味着他们必须要辨明新的转基因植物中所真正产生的蛋白质。现在，很多很好的方法能够用于鉴定转基因蛋白质（如RNA 信息分析、与特定抗体的反应等）。此外，如果一种植物没有产生研究人员需要其产生的蛋白质，这种植物就不会呈现出所需要的性状。不当的蛋白质会令转基因蛋白质无法表现出研究人员所需要的功能。《转基因大赌局》在认定可能出现的其他蛋白质没有得到评估时是错误的，并且也忘了一个事实，即产生错误蛋白质的植物是不会被选用的。当然，即便产生了其他蛋白质，也没有理由就认定出现了安全威胁，因为蛋白质几乎无一例外都是可以安全食用的。

所谓通过替代剪接可能形成多种蛋白质的例子——即 Bt11 抗虫玉米——被史密斯曲解了。《转基因大赌局》提到在 Bt11 的玉米品种中发现了数种不同的 Bt 蛋白质，史密斯暗示替代剪接可能是这些不同蛋白质产生的原因。为了支持自己的论断，史密斯错误地声称这些大小不同的蛋白质只不过被研究人员通过重量进行了粗略的描述，而其基因序列并未得到确认。加拿大政府对这一事件的报告（加拿大食品检验署，1996）正是史密斯引用的来源，而报告显示他误导了读者。史密斯关于替代剪接是上文例子中产生多种蛋白质的原因的论断完全是错误的。多个监管机构都完全证实了这一玉米品种的安全性保证［加拿大农业和生物技术战略公司 Agbios（2005），转基因数据库，编号 SYN‐BTØ11‐1（BT11）X4334CBR，X4734CBR］。

4.5 转基因植物含有少量无害的新蛋白质

目前转基因作物中只含有微量的转基因蛋白质，相关的安全测试证实其安全边际量相当高。

《转基因大赌局》的虚假言论：

（1）环境因素、天然和人造物质，以及植物的基因排列将影响转基因表达水平并对健康带来特定影响。

（2）上述因素在评估中未得到充分重视。

《转基因大赌局》声称生长在不同地点的植物其转基因蛋白质含量可能会有差异，并推断这种差异会带来危害。

经过同行评议的研究分析表明：

在这一章节中，杰弗里·史密斯宣称转基因作物的监管者忽视了环境对作物构成带来的影响。这似乎有些令人难以置信，因为确认转基因食品安全所采用的一项主要概念就是将转基因作物的构成与广泛的传统作物的构成进行对比。生物的自然差异是该领域所有生物学家一项熟悉的研究课题。无数科研论文表明，传统作物的构成因季节、地域和品种的不同而有所差异。国际生命科学学会正是出于这一原因提供了作物构成数据库（参见 www. crop-composition. org）。因此安全监管者应充分认识到保证相应的安全边际量的必要性，以确保作物构成差异不会带来安全问题。

（1）Bt 基因产品在转基因抗虫作物中一直呈现较低水平。杰弗里·史密斯认为该蛋白质在不同地区植物中的含量有所不同，但除了生成转基因作物中存在低水平转基因蛋白外，并未提供其他任何证据。在培育转基因作物的过程中，植物的栽种通常会跨越不同的季节和地点，对转基因蛋白质含量的测定需提取不同的组织（叶、花粉、茎、谷粒、根）（Munkvold 等，1997；Munkvold Hellmich，1999）。研究表明，蛋白质的含量确实存在差异，但始终不是很高。一些研究者对此并不满意，因其试图实现较高的表达水平，确保新蛋白质达到一定的数量。对生物技术专家而言，表达不足带来的挑战常常要比表达过量更大（Agbios，2009；Betz 等，2000）。

（2）大量转基因蛋白质用于动物饲喂，未造成任何不良影响。安全测试表明转基因蛋白质的安全边际量相当高，在转基因作物中仅呈现出低水平含量，另外没有证据表明该蛋白质对人体有任何伤害。安全边际量的范围从数万倍到数十万倍，这样实际上植物不可能达到不安全水平。该蛋白质在人体肠道中被完全消化，转化成无害的营养物质。同时很重要的一点是，蛋白质作为必需的营养成分通常是尽可放心食用的（Betz 等，2000；农业生物安全网网页，2009；Delany 等，2008；欧洲食品安全局转基因生物动物饲喂试验专门小组，2008）。

（3）转基因作物的构成在在各大洲的不同地点和不同季节都接受了评估。杰弗里·史密斯讨论了对环境影响造成的作物构成差异进行评估的重要性，但未提及一些业已开展的科学研究正是以了解这种差异的程度为目的，且已成为安全评估的组成内容（Reynolds 等，2005；Ridley 等，2002）。

4.6　植物生物学比史密斯预想的更简单易懂

植物繁育的成功有赖于充分掌握生物体整体对基因修饰的反应。

《转基因大赌局》的虚假言论：

天气、环境胁迫和基因排列可引发基因表达的重大变化。

（1）转基因过程可阻断基因网络的工作。

（2）合成转基因的表现可能与天然基因不同。

（3）转多基因之间可能以不可预测的方式进行互动。

（4）遗传工程可能阻断新近发现的 DNA 第二张卡片。

《转基因大赌局》讨论了整个生物体内复杂的基因互动方式，以及植物体调控网络中基因之间互动的新发现。史密斯提及的这些发现实际上是现代生物学的主流课题之一，但他断然声称植物生物技术专家并未注意到这些进展。

经过同行评议的研究分析表明：

植物通过进化，对染色体结构的重大变动一般都能承受，但读完史密斯书中的这一章节后我们并不知道这点。而且，他错误地将基因在植物染色体上的组织方式与基因参与植物调控回路的方式相联系，这就意味着其风险评估是极其不切实际的。

要了解这点，我们必须懂得，参与调控网络的基因在染色体中的排列方式并非必须与网络的组织结构相对应。因为基因和植物调控网络并不相同，关系密切的基因在染色体上的位置可能分隔甚远但仍能高效协作，而且很多作物（如玉米）的大部分 DNA 并不含有基因。在染色体中插入一种新的 DNA 不一定会阻断植物的调控网络。《转基因大赌局》在本章中未提及的是，目前农业生物技术研究主要聚焦于确认并开发复杂的生物调控网络，以培育出更优秀的作物如抗旱玉米等。而史密斯对植物生物技术专家的描述非常奇怪，认为其忽视了有关植物调控回路复杂运作的新概念。

（1）改进农作物的性能需全面了解植物在耕作体系中的表现。对研究和开发农作物的生物学家进行的标准培训包括传授综合性基础知识，如植物在温室和田间如何工作等。目前对作物改良的研究包括分解植物对各种胁迫的反应，如由于缺水、氮限定和高温等造成的胁迫。例如，基因芯片可用于跟踪植物体内整组基因对环境变化干扰的反应，展示植物体内发生的所有各项变化，这正是完整的生物胁迫反应的组成部分。现代植物生物技术专家不仅认识到基因和细胞调控回路之间具有复杂的互动性，还积极将这种互动进行分解并运用于节水作物开发（Mentzen 等，2008；Oh 等，2005；Pellegrineschi 等，2004；Umezawa T 等，2006；Yamaguchi‐Shinozaki K 等，2006）。农业生物技术专家一般不会忽视由于转基因插入而引起的植物表现混乱，因为认清这点将决定着作物新品种在田间的成败。而《转基因大赌局》一书对这一背景知识涉及甚少。

（2）植物具有的弹性基因组数百万年来经受着各种干扰和影响。杰弗里·史密斯宣称"随意插入突变基因和缺失基因可能会严重破坏精密调谐的整个基因网络"。但他未提及有花植物的显著特点，就是这些植物对染色体激烈和广泛的变化具有很强的耐受性（Dooner 等，2007；Kidwell 等，2002；Leitch 等，2008，罗格斯大学出版社出版物 2006 年 10 月第四期）。与动物不同，在植物中加入别的品种的两组完整染色体常常会诞生出新的品种，如谷物小麦就是一种成功的具有繁殖能力的杂交生物，尽管由此会产生严重的基因胁迫（Kashkush 等，2002；Kashkush 等，2003）。通过采取杂交以及其他基因阻断行为如用放射线破坏染色体等，植物 DNA 将发生大规模重组（Gorbunova 等，1999；Shirley 等，1992）。但对植物而言，这种剧烈的基因变化其实再平常不过。

（3）许多基因变化对植物的表现方式并无影响。植物遗传学家的实践经验表明，大多数情况下在植物染色体中插入新的 DNA 对其他基因几乎不会产生什么影响（Bouché 等，2001）。基因之间可能存在复杂的互动关系，插入 DNA 可能会影响调控网络并牵涉大量基因，了解到这些以后，还应牢记最初发现基因恰恰是因为一个基因的阻断对生物体造成了一系列有限的影响，如眼睛颜色的改变等。而且植物基因组的很多部位并不含有基因。以玉米为例，基因只占基因组 DNA 总量的 20％ 左右（San Miguel 等，1996）。植物科学家并未假定基因是缺乏互动的独立单位（但史密斯错误地这样认为），但根据实践经验，他们认为染色体的很多遗传改变仅会影响某种性状，不一定会对植物造成广泛影响。

（4）染色体上的基因排列并不是植物调控回路的对应图。杰弗里·史密斯称由于转基因插入引发的基因排列阻断必定会扰乱负责植物生存方式的调控网络。但实际上基因并不是细胞和生物体工作的简单写照，我们可把基因比作食谱而不是成品蛋糕。往食谱上粘贴标签并不影响成功做出美味佳肴，同样，改变基因排列并不一定会改变植物的调控网络。

（5）植物生物学家很早就知道基因簇可完成相关工作。史密斯引用了 Lawrence Hurst 的一篇文章（Hurst 等，2004），称染色体上具有相关功能的基因簇只是在最近才得以确认，生物技术专家长期以来忽视了这一点。但实际上史密斯的引用脱离了上下文，表达的观点过于简单化，容易造成曲解。Hurst 的文章明确指出，生物学家假设染色体基因一直呈现随机组合的观点是他本人有意的夸张修辞（他用了"稻草人"一词）。实际上，生物学家的观点并不像史密斯描绘得那样简单。

第5章

DNA 转移是自然界非常普遍和广泛的现象

5.1 肠道内的 DNA 碎片数量众多，但不会造成危害

我们摄入的食物包含的基因数量庞大，在消化道中得到消化和分解，而转基因 DNA 只占其中很小的一部分。

💡 **《转基因大赌局》的虚假言论：**

不管相关产业如何宣扬，但实际上转基因可在消化系统中存活并四处游走。

（1）相关产业的倡导者宣称食物消化过程破坏了基因，因此基因转移到肠道细菌或器官中的可能性微乎其微。

（2）目前有研究表明，基因在经历了人类和动物的消化过程后仍可存活。

（3）非转基因 DNA 的动物实现也证明基因可通过胎盘转移到外貌特征中，可从消化道转移到血液和器官，甚至穿过血脑屏障。

《转基因大赌局》讨论了高灵敏度的实验如何从距其初始位置较远的已消化食物中检测出基因碎片。

经过同行评议的研究分析表明：

我们摄入的 DNA 碎片在肠道内仍能存活一定时间，然后为人体所吸收。杰弗里·史密斯利用这一观点，称转基因食品中的基因可转移到内脏器官或肠道细菌中。该观点建立在将 DNA 等同于基因的错误观念上。实际上小小的 DNA 碎片并不具备基因的相应功能，而且目前尚无例证表明基因可从转基因或传统食品转移到肠道细菌或组织器官中。我们摄入 DNA 后各种消化酶会迅速将其分解。首先分解成大大小小的 DNA 碎片，然后进一步成为 DNA 氮—糖区段。DNA 碎片可为人体或肠道细菌吸收，但不再是带有相应功能的基因，就像几个字母不能组成有意义的句子一样。不管是通过遗传工程插入植物体的少量其他 DNA，还是数量众多的现有植物 DNA，在这点上二者并没有区别。

人体肠道内总是存在着 DNA 碎片，但并未造成任何已知危害，也没有证据表明这些 DNA 会对生殖细胞产生影响。

（1）《转基因大赌局》中提及的科学调查检测到的并不是基因，而是不能发挥基因功能的基因碎片。基因碎片并不具备完整基因所拥有的特点和相关特性。没有启动子的作用不能形成蛋白质，所以基因碎片不能生成完整的蛋白质，因其需要全基因的参与。史密斯将基因和 DNA 两词相互替换，让人觉得摄入的是全部基因。人的饮食中充斥着基因大小的 DNA 碎片，但吃进这些基因和基因碎片从未给我们造成伤害，因为通过进化我们已能适应每日进食带来的种种风险。

（2）史密斯误导读者有关全长转基因在志愿者肠道内

存活的情况。史密斯错误地宣称一项人类进食研究检测到肠道内存活着全长转基因。但对全基因小块碎片的测量结果（Martin‐Orue 等，2002；Netherwood 等，2004）并未证明这点。史密斯没有正确表达该科研文章的观点。

（3）没有检测到全负荷工作时移动方式与史密斯的推断相一致的转基因。同行评审科学文献中尚未有报告证明工作基因是从转基因植物中转移而来（Hohlweg 和 Doer-fler，2001；Thomson，2001）。最令人担忧的是（见史密斯书中第 5.4 和 5.6 章节）《转基因大赌局》会不会捏造相关证据。

（4）食物中除了转基因还含有大量的其他基因和DNA。《转基因大赌局》勾勒的基因碎片移动的情景也可用在其他食物 DNA 上，因其也是人类进食的成分。几百万年来，我们祖先的肠道中就有未被消化的基因碎片，但并未引发任何已知危害。史密斯未讨论非转基因植物 DNA 带来的类似风险，而这些 DNA 在肠道中数量众多，也会被脾脏和肝脏吸收（Hohlweg 和 Doerfler，2001）。他对来源于传统食物 DNA 的危害熟视无睹，也对人类安全使用这些食物多年的经验置若罔闻（Beever 和 Kemp，2000；Carver 和 Walker，1995；Hohlweg 和 Doerfler，2001；Doerfler 等，2001；van den Eede 等，2004）。

另见：5.4　尚未证实有完整的转基因转移到人类肠道细菌中

5.2　转基因不会影响基因向细菌移动

基因工程植物不会促使基因从植物向细菌移动。

《转基因大赌局》的虚假言论：

转基因设计有助于基因向肠道细菌转移。

（1）基因可在物种甚至生物界之间自然转移，但并不常见。

（2）转基因作物可能特别擅长于克服这种转移面临的天然障碍。

（3）例如，较短的细菌序列和较高的除草剂残留量可显著加快转移速度。

（4）因此转基因能够轻而易举地从转基因食品转移到肠道细菌 DNA 中。

杰弗里·史密斯提到，基因可在物种甚至生物界之间自然转移，并强调基因从食物移动到肠道细菌可能引发很多问题，转基因作物可大大加速基因从植物到细菌的移动。同时，他还声称，从具有除草剂抗性的转基因植物食品中摄入除草剂，将有利于肠道内抗除草剂细菌的繁殖。

经过同行评议的研究分析表明：

对转基因作物和细菌的相关实验表明，基因从转基因植物向细菌的转移几乎是不可能的——实际上，科学家多年来从未检测到这种基因转移。很多转基因作物中含有细菌 DNA，理论上基因有可能在极端罕见的情况下从植物转入肠道或土壤细菌中。但是，这还需要转移基因与受体细菌的 DNA 有很大的遗传相似性，这就意味着该细菌实际上已具有这种基因。质体（一种可自我复制的细菌微染色体，可插入一些转基因结构中）整体转移到肠道细菌中的可能性非常之低。对于摄入除草剂会造成从植物转基因 DNA 获得除草剂抗性的假想肠道细菌形成选择优势的担忧显得尤其荒谬，因为较之横向的基因转移，我们肠道中积存的除草剂会引发更为严重和迫切的健康问题。

另见：5.8　基因可从口腔或咽喉转移到细菌中

（1）DNA 从植物向转基因植物细菌中加速转移的观点纯属臆断，实际上并未检测到。如同《转基因大赌局》中假设的其他种种风险，遗传工程可显著促使基因从植物到细菌的移动也纯属主观臆断。经过详细调查，并未发现有基因从植物向细菌移动。在实验室人为创造出的特定条件下，科学家能强制实现这种转移（Nielsen 等，2000）。这种条件被称作"标记获救"，在自然界几乎不存在，除非该细菌已带有移入的基因。几个专家组曾考虑过具有抗生素抗性的基因向细菌移动的情形，得出的结论是发生的概率相当低，最多在每 10 万万亿与转基因植物接触的细菌中会发生一例。杰弗里•史密斯并未向读者说明上述专家结论（Bennett 等，2004；Ramessa 等，2007；van den Eede G 等，2004），也未告诉大家具有抗生素抗性的基因在自然界分布如此广泛，细菌从植物中偶然获取抗性基因实在算不得什么大事。实际上人类肠道中的大肠杆菌和其他细菌就已经携带了抗生素抗性基因（Calva 等，1996；Berche，1998）。

（2）植物呈现细菌基因并非没有先例。史密斯假设有多项机制促使基因从植物向细菌快速移动，其中一项是遗传工程为植物基因组提供了细菌 DNA 短片段。在这些片段上有的区域的 DNA 具有细菌和植物的相似性，而理论上这种相似性可促使细菌接受植物基因，因其有助于 DNA 插入细菌染色体。但史密斯忽视了一点，自然界早就发生过植物基因组中出现细菌 DNA 的现象。因此人工转基因植物含有与细菌 DNA 相似的 DNA 序列并非突如其来。已知细菌如 *Agrobacterium* 具有将细菌 DNA 插入植物染色体的特定机制，且人们已在烟草植物中发现了这类细菌的基因（Dröge 等，1998）。多年来我们了解到差异较大的生物体之间基因移动的速度非常缓慢（以进化时间为量度；Keeling 和 Palmer，2008）。而遗传工程是否会促进基因移动仍存在着争议，目前尚未得到证实。

（3）健康规定限定了食物中的除草剂含量，因此不会对选择肠道中的抗除草剂细菌起到有效作用。史密斯提到抗生素可促进基因在肠道细菌之间的移动，这是正确的。但此后他声称食物中的除草剂也会加强基因在肠道细菌之间的移动，因为除草剂也可视作抗生素类物质，这是不合逻辑的。除草剂在肠道中发挥抗生素类似物质作用所带来的风险实际上是微不足道的，相较而言药物和畜牧业中使用抗生素带来的选择效应要严重得多。将公众的关注点集中于转基因植物的无足轻重的抗生素抗性风险，这样带来的不幸后果之一，就是降低了对滥用抗生素引发的病原细菌抗性的巨大危害的关注度。造成抗生素抗性迅速扩散的主要原因并不是抗生素抗性基因，因其早已遍及自然界，而是人类对抗生素不加选择随意地盲目使用。

（4）基因不可能完成从植物到细菌的自我复制。《转基因大赌局》假设如果转基因植物的 DNA 碰巧转移到肠道细菌中，自我复制的质体（质体是在细菌中发现的环状微染色体）将会发生重组。该书错误地推导出环状质体重组是很容易发生的现象，而事实上这几乎是不可能的。植物中的转基因 DNA 并非以环状形态存在，因此 DNA 环发生重组的可能性极低，并不会在细菌中形成自我复制的转基因 DNA（Bennett 等，2004）。某些情况下，经过预先设计的植物转基因 DNA 不含有被称作复制起点的质体序列，质体序列需要形成真正的质体，而不是重组细菌中的环状质体。

（5）较之目前出现在细菌之间的抗生素抗性基因的移动，转基因植物 DNA 移动带来的风险微乎其微。史密斯所陈述的情况不太可能发生，而各种方式的基因移动带来的风险则严重得多，可能性也大得多。《转基因大赌局》中提到，人类肠道是基因在物种间转移的天然"热点区域"，这没错。相关科学论断肯定了基因通常以可检测到的频率在肠道内不同微生物间移动。但《转基因大赌局》并没有说明在其他环境下基因有时也会在关系并不紧密的细菌之间移动，此类环境有大量的抗生素抗性基因汇集，并可能转移到肠道细菌中。土壤细菌里存在着数量庞大和种类繁多的可移动抗生素抗性基因。此外基因还常在海洋浮游生物界之间进行大规模移动。我们已了解到许多携带不同物种基因的病毒和其他物体在这些环境中也非常活跃。目前已证实，这些环境是新细菌基因的来源，这就驳斥了《转基因大赌局》提出的基因转移不可检测的理论（Bennett 等，2004；D'Costa 等，2007；Demanèche 等，2008；Dröge 等，1998；Gladyshev 等，2008；Keeling，Palmer，2008；van den Eede 等，2004）。

5.3 转基因在肠道中会遭到破坏

转基因不具备在肠道中长期存活的特殊机制。

转基因是轮盘赌吗

《转基因大赌局》的虚假言论：

转基因在肠道细菌内可长期繁殖。

（1）一旦转移到肠道细菌中，具有生存优势的转基因将获得持久性和扩散性。

（2）这些优势可能源自于抗生素或除草剂抗性、细菌中的启动子，以及促成不受控复制的基因机制。

（3）"感染"了肠道细菌后，转基因可能产生有害的外源基因和蛋白质。

根据《转基因大赌局》的假设，植物转基因如果与肠道细菌结合，将赋予细菌相关优势，使其能够在肠道中长期繁殖。

经过同行评议的研究分析表明：

在这一章节中，杰弗里·史密斯的几个论断都带有误导性，如假设植物转基因可在肠道细菌中长时间留存，以及用于带动转基因植物中转基因的35S启动子可为植物基因提供一种独特的优势，使其在肠道细菌中得以表达。看来史密斯并未意识到很多植物中都含有无数类似于35S的启动子，上述所谓的罕见情况在传统食物中早已出现过。另外，他还称耐除草剂植物基因会在肠道细菌中长期存在，这是完全不符合实际的，因为肠道中微量的除草剂并不会选择耐除草剂细菌。他认为转基因植物中的抗生素标记可使转基因具备在肠道中永久存活的能力，对此观点进行评判时，应考虑到当前肠道微生物群已频繁出现抗生素抗性这一情况。史密斯使出浑身解数让人相信肠道细菌中已经检测出转基因，试图以此来支持其观点，但他采用八年前出版的报告来证明风险的存在，其可信度根本不值一提，也从未获得同行评审科学文献的认可。

（1）肠道中无除草剂意味着具有除草剂抗性的基因未向细菌提供选择优势。《转基因大赌局》称基因可从转基因植物中获得除草剂耐性，而细菌通过捕获这种基因可拥有其他肠道细菌不具备的永久性优势。值得庆幸的是，施用过除草剂的植物的食用部分，即植物种子，其除草剂残留量仅占很小一部分（Ruhland M 等，2004）。此外，健康规定限制了食品中的除草剂含量。同时对食物进行烹饪和食用的过程也会进一步降低本来不多的除草剂残留量。所以，肠道内的除草剂并未达到有效积存量。肠道中没有除草剂，意味着获得抗除草剂基因的细菌并没有选择优势，不能在充斥着激烈竞争的肠道环境内繁殖。

（2）复制起点不能向植物转基因提供在肠道内迅速繁殖的机制。质体是遗传工程师用以对 DNA 进行控制的小型细菌染色体，质体的某些部分常被添加到转基因植物的基因组中。《转基因大赌局》在这一部分讨论了质体 DNA 从转基因植物中偶然回到肠道细菌的风险。要搞清楚这个问题，应牢记一点，细菌微染色体（质体）需具有称作"复制起点"的 DNA 片段才能永久存在于细菌菌株中。没有复制起点，微染色体就不能永久地转移到细菌菌株中。

《转基因大赌局》声称含有复制起点的植物转基因可帮助转基因在肠道微生物中繁殖。该书解释说，质体运用其带有复制起点的部分在微生物细胞中进行永久繁殖。但是，复制起点要在细菌中发挥作用，需在转基因中重新生成环状 DNA，而植物细胞中的转基因并不是以环状形态存在的，基因环重组几乎不可能实现。这就阻碍了植物转基因 DNA 中的质体组装（Bennett 等，2004；Thomson，2001；van den Eede 等，2004）。很多转基因植物在构建时并未使用质体或质体复制起点，因此不具备在细菌中繁殖的能力。

（3）转基因在细菌 DNA 中的功能与其他植物基因几无二致。《转基因大赌局》称用于带动转基因表达的花椰菜花叶病毒 35S 启动子可在细菌中工作，这将赋予基因与该启动子在细菌中一起工作的特殊能力。但事实并非如此。我们在 2.5 部分讨论过，植物基因组中插入花椰菜花叶病毒碎片（带有类似启动子）的数量非常庞大，因此转基因中的 35S 启动子并不能向植物基因提供在细菌中积极活动的特殊能力，史密斯声称的植物基因向肠道细菌的转移实际上极其罕见（Gayral 等，2008；Hansen 等，2005；Staginnus，Richert‐Pöggeler，2006；Staginnus 等，2007）。

（4）史密斯设想的肠道永久定植的可能性极小。肠道内持续的食物流动使得细菌在肠道内的定植始终是种瞬间状态。如果向细菌添加一些未曾使用的功能如新基因等，则会增加其负担并需要特殊优势来消除这一负担，生物学家称之为"适合度代价"。使用不需要的基因而造成资源浪费的细胞将会被负向选择，不利于肠道内转基因细菌的永久定植。

（5）抗生素的过量使用是肠道内出现大量抗生素抗性细菌的主要导因。细菌为了保留获取的转基因，必须在竞争激烈的肠道环境内具备相关优势。植物抗生素抗性基因并未赋予肠道细菌新的优势，因为肠道细菌已经具备了抗生素抗性基因（Bennett 等，2004；Berche，1998；Calva 等，1996）。

150

（6）功能转基因从植物向细菌的移动从未在同行评审科学文献中报道过。为了增强说服力，史密斯试图给人留下这样一种印象，即肠道中已经检测出了转基因，但由于起作用的全长植物转基因向细菌的转移从未在科学文献中得到适当的描述，他不得不使用可信度较低的信息来源。在这一章节他引用的是报纸和电视上假设基因从植物向细菌移动的报道，而不是真正的科学出版物。H. H. Kaatz 教授 2000 年 5 月发表的评论说，号称在蜜蜂微生物中检测出的基因碎片从未得到同行评审科学论文的确认。实际上这仅是反转基因生物人士做出的言论。植物转基因向细菌的移动从未得到证实。

另见：

2.5　植物遗传工程采用的转基因启动子"起始信号"来源于一种分布广泛的植物病毒，已知该病毒的 DNA 常被插入植物基因组中。

5.2　转基因植物不会促使基因从植物向细菌移动。

5.4　转基因不会融入我们体内

尚未证实人类肠道中有转移到细菌的完整转基因。

 《转基因大赌局》的虚假言论：

（1）唯一一项公开发表的人类进食实验证实，七名志愿者中有三人出现了遗传物质从抗农达大豆转入肠道细菌的情况。

（2）转移到细菌内的转基因部分表现稳定，且似乎已生成了耐除草剂蛋白质。

（3）目前这种情况尚无法处理，要找出解决途径需假以时日。

《转基因大赌局》描述了 Trudy Netherwood 及其同事的实验（Netherwood 等，2004），监测志愿者通过饮食摄入的转基因大豆 DNA 的稳定性和移动情况。但这些实验都未检测到基因移动。

经过同行评议的研究分析表明：

杰弗里·史密斯根据 Trudy Netherwood 的实验报告对未来做出了十分悲观的预测。但史密斯并不知道吸取外源 DNA 的细菌有多混杂。现代生物学家都熟知细菌非常善于吸收新 DNA。史密斯担心植物基因在肠道细菌中的表达，却未意识到 Netherwood 和他的同事并未在细菌中检测到完整的植物基因。史密斯确实注意到了 Trudy Netherwood 等表示"基因转移不太可能改变胃肠功能或威胁人类健康"，但仍对其结论持反对意见，而实际上他弄错了他所担忧问题的主要事实。细菌从别的生物体捕获基因的方式非常混杂。另外，肠道细菌中出现植物基因碎片的情况十分寻常，并不会对人类健康构成新的威胁，因为对生存在肠道中的细菌而言，捕获新的 DNA 不过是日常生活的内容之一。我们饮食中普通 DNA 的数量远远超过转基因 DNA，因此《转基因大赌局》担忧的危险较之 DNA 通过饮食转移到细菌的风险简直不值一提。千万年来人类在进食过程中摄入基因和 DNA，但并未受到任何危害，我们的身体早已建立了良好的机制来处理这一切。

（1）史密斯多次假设的发现结果并未在其引用的科研论文中出现。杰弗里·史密斯认为 Netherwood 的文章将肠道细菌中的转基因描述为"表现稳定且似乎生成了安全的耐除草剂蛋白质"，并认为"细菌在含有草甘膦的介质中培殖，草甘膦是农达除草剂的有效成分。细菌得以存活，表明其已具备'抗农达'特性，即转基因启动子开始在细菌中发挥作用，转基因程序已经开启并在人类肠道内生成了耐除草剂的蛋白质"。但实际上上述两条论断都是不正确的。Trudy Netherwood 的文章明确声称"应注意到这些细菌仅含有［耐除草剂］基因碎片，未曾在其中检测到全长基因"。另外草甘膦除草剂并未用作微生物的培殖介质，只不过史密斯认定如此。

（2）含糊不清的观点只会造成危言耸听。史密斯有关肠道细菌生成蛋白质的虚假言论实际上不过是耸人听闻，细菌中耐除草剂蛋白质会引起过敏也只是假设而已。Trudy Netherwood 在肠道细菌中检测到的小小基因碎片并不能生成完整的耐除草剂蛋白质。一旦读者认识到这些细菌不会生成新蛋白质，他们就会打消对过敏的疑虑。可惜史密斯只是多次重复其含糊不清的观点，与《转基因大赌局》后面部分的内容（第 5.6 部分）还有自相矛盾之处。

（3）细菌相当混杂且具有从任何生物体中吸取 DNA 的能力。杰弗里·史密斯不仅歪曲了细菌及其蛋白质的有关事实，还宣称 Netherwood 的文章颠覆了"长期以来有关基因不会转移到人类肠道细菌中的假设"。史密斯的错误在于，早在 15～20 年前这些过时的观点就已经从科学界消失了。但在 Netherwood 及其同事发表研究结果四年前，Howard Ochman 及其同事（Ochman 等，2000）就在检验细菌从其他生物体中搜寻基因的重要机制时写到："通过这些机制，实际上所有序列，包括源自真核生物或古生菌的序列都可转移到细菌中，或在细菌之间转移。"Howard Ochman 在做出上述论断时引用的文献至少可追溯到 1991 年。而《转基因大赌局》并未反映微生物学和遗传学近几十年来的飞速发展。史密斯缺乏细菌遗传学的相关知识，这对一个没有接受过生物学专业培训的人来说可以理解，但他应当在发表言论之前请细菌遗传学家提供意见，核实内容，尤其这是一本旨在提供公众健康建议的书刊。

（4）DNA碎片的移动绝不是生物界的新鲜事，也并非一定会带来危险。现代科学对基因组的分析提供了充足证据，基因和基因碎片在物种间的移动是地球生物的广泛特征。我们没有理由相信基因碎片移入细菌是转基因DNA的特有行为。同样我们也没有理由假设细菌中检测到的转基因植物DNA的基因碎片会带来任何实际风险。很多细菌都具有从外界环境吸取DNA的能力，非转基因DNA在不同生物体之间移动的现象比比皆是（Citizendium，2007a；Gladyshev 等，2008；Keeling 和 Palmer，2008；Koonin EV 等，2001；Ochman 等，2000）。杰弗里·史密斯自己也引用了人类组织中发现此类DNA碎片的实验结果。例如，人类胃中的 *Helicobacter* 细菌就以擅长从其他生物体中获取基因而著称。由于吸取DNA的细菌非常混杂，因此很难将肠道细菌中出现大豆基因碎片认定为一种新的风险。

（5）非转基因食品也有DNA！《转基因大赌局》对这一问题的讨论是其风险评估带有偏见的又一例证。该书只关注转基因DNA带来的风险，却无视于自然条件下已经出现的类似风险。我们日常饮食中所含的大量DNA为

DNA 碎片移动带来的负担非常之大，相较而言食物中转基因 DNA 的数量要少得多。以转基因玉米为例，玉米中原有的 DNA 数量超过新引入的 DNA 约一百万倍（Thomson，2001）。

另见：

5.1 摄入的食物和 DNA

5.6 有关 35S 的实验室实验

5.5 转基因食品与抗生素抗性细菌的出现无关

由抗生素抗性细菌引发传染病的形势日益严峻，但转基因食品与这一风险的关系基本上可以忽略不计。

 《转基因大赌局》的虚假言论：

（1）市场上销售的大部分转基因食品都插入了抗生素抗性标记基因。

（2）如果抗生素抗性标记基因转移到肠道或老鼠的致病细菌中可引发超级疾病，无法用一种或几种抗生素治疗。

（3）因此转基因作物可能会加速引发抗生素抗性疾病，并由此导致死亡和其他病症。

《转基因大赌局》提出，传染性疾病将会大肆蔓延并无法治疗，原因是转基因作物可能含有抗生素抗性基因。

经过同行评议的研究分析表明：

一些转基因作物含有在转基因构建过程中作为选择标记的抗生素抗性基因。这些标记基因在肠道细菌内的繁殖首先需要肠道细菌吸取功能抗性基因，肠道细菌还要获得一种可使该细菌得以存活和繁殖的选择优势。前面的章节已经提到发生基因转移的可能性很低，要判断其产生的影响，应考虑到肠道细菌已表现出抗生素抗性这一背景情况。我们肠道内生存着几十亿具有卡那霉素抗性和氨比西林抗性的细菌，而上述两者是转基因作物中最常用的抗生素标记基因。氨比西林抗性基因在土壤中含量极高，随时可能转移到肠道细菌中。目前医学界普遍认为，商业化生产的作物中使用抗生素标记不会带来任何传染病风险。

然而不幸的是，杰弗里·史密斯在处理这一问题时试图让公众误以为当前的第一要务是对付抗生素抗性细菌（Saylers，1996；Salyers，Whitt，2005），而实际上我们首先应避免的是抗生素的滥用和误用。

（1）转基因食品不会改变细菌的抗生素抗性。有关专家反复强调，转基因食品中的抗生素抗性基因不会改变肠道细菌的抗生素抗性水平（Bennett PM 等，2004；EFSA，2004；Salyers A，van den Eede 等，2004）。

（2）《转基因大赌局》回避了解释监管部门批准在作物中使用标记基因的原因。史密斯避免提及与其抗生素抗性论断相悖的专家意见和证据，并且未详细解释为何具有抗生素标记的作物能获准通过审批（Bennett 等，2004；欧洲食品安全局，2004；Goldstein 等，2005；Miki，McHugh，2004；Ramessar 等，2007；Salyers，van den Eede 等，2004）。

（3）无论转基因食品中有无抗生素标记，肠道中已存在着数量庞大的抗生素抗性细菌。我们很容易就能在人类肠道中发现转基因食品中存在的抗生素抗性基因，这些基因频繁地在不同的细菌周围移动，且很容易在新的细菌中定居下来。细菌中常常含有携带抗生素抗性基因的小染色体，我们称之为质体。质体可将其自身的复制体注入其他细菌，在这一过程中其 DNA 并未接触消化液。一旦注入新细菌，质体就可以独立进行复制。众所周知，质体与抗生素抗性在细菌中的扩散密切相关。抗生素的使用对质体扩散也有促进作用，而抗生素的过量使用是造成疾病传播难以控制的主要原因（Bennett 等，2004；Saylers，1996；Salyers，Whitt，2005）。

（4）土壤细菌中出现大量种类繁多的抗生素抗性基因。大部分抗生素抗性可能都来自于土壤细菌，其携带的基因可通过质体从一种细菌传播到另一种细菌。科学家针对具有氨比西林和相关抗生素抗性的基因开展了详细研究，提供了很好的范例。这种基因在土壤细菌中非常常见。种植含有氨比西林标记基因的转基因玉米并未对土壤细菌中大量出现的此类基因产生影响（Demanèche 等，2008）。

Bennett PM 等，英国抗微生物化学治疗学会工作组（2004）对转基因植物使用抗生素抗性基因的风险进行了评估："……抗生素抗性基因从转基因植物偶然向细菌转移将为人类和动物健康带来难以接受的风险，这一论断缺乏实质内容。我们得出的结论是，抗生素抗性基因从转基因植物向细菌转移的风险非常之低，由其引发的危害即使从最大程度上看也十分轻微"（英国抗微生物化学治疗学会工作组报告；J Antimicrob Chemother 2004 年 3 月；53（3）：418‑31；电子版 2004 年 1 月 28 日）。

5.6　对 35S 启动子已进行了彻底研究

35S 植物病毒启动子人工实验室实验对于其在实验室

培养皿之外的可能表现并不具有很好的指导作用。

 《转基因大赌局》的虚假言论：

（1）与以前的假设相反，花椰菜花斑病毒启动子在人类、动物及细菌 DNA 中发挥作用。

（2）DNA 该启动子转入人类消化道细菌 DNA 中，并可能也转入人类 DNA 中。

（3）一旦转入，它可能启动有关基因，产生毒素、致敏原、致癌物，造成基因不稳定，并在更高级生物体内激活休眠病毒。

《转基因大赌局》推测，如果用于转基因作物、来自植物病毒的 35S 启动子转入细菌或人类消化道中的黏膜细胞，那它将会在表达其他基因上发挥活性。

经过同行评议的研究分析表明：

《转基因大赌局》的本节内容建立在本书前面章节中的误解和科学错误基础之上。这些谬误涉及一种来自植物病毒的"启动信号"的属性和生物表现，这种"起始信号"被用于推动基因工程植物的转基因活动。

在第 2.5 节我们解释了用于植物基因工程的转基因启动子"启动信号"是怎样来自于一种植物病毒的，这种植物病毒广泛分布于植物之中，并已知会向植物基因组中嵌入其 DNA。在本节第 2 项我们记录了众多科学报告，显示这一类病毒的 DNA 碎片随机出现在马铃薯、番茄、香蕉、大蕉、大米和其他植物基因组中。在第 2.4 节我们解释了为什么该启动子"启动开关"没有偶然启动有害基因，而在第 2.6 节我们展示了含 35S 病毒启动子起始信号的转基因植物并非不具遗传稳定性。此外，在第 5.4 节，我们解释了完整的转基因从转基因植物进入细菌何以未出现。这几节讨论了《转基因大赌局》第 5.6 节所根据的许多误解和误导性表述。

目前讨论的《转基因大赌局》第 5.6 节内容主要针对的是 35S DNA 从转基因植物转入细菌或人类细胞中的可能影响。书中未能说明为什么传统作物中已经广泛存在、并出现在受病毒感染植物如卷心菜中的相同类型 DNA 的转移未带来相似的风险，根据其自身属性这是不可能的。事实表明，暴露于《转基因大赌局》所担忧的相同类型 DNA 没有导致任何对人类的伤害。《转基因大赌局》也未能解释为什么我们的食物中来自转基因的 DNA 微小碎片有害，而含有许多同构启动子 DNA 的大片 DNA 却没有引起任何明显的伤害。

科学文献中有许多针对史密斯观点的精彩反驳，然而史密斯先生却简单地避而不将这些文章告知读者。在科学领域，未能引用相关参考是一种不端行为，略去对一种科学假设的直接反驳实乃严重的不端行为。由于史密斯先生并非职业科学家，他的失误仅仅是一种忽视，但是在《转基因大赌局》中我们发现了系列忽视。在第 5.6 节中，史密斯先生以混乱的形式重复其早期对于 Trudy Netherwood（Netherwood 等，2004）关于食物 DNA 在人类消化道中消化的报告的臆想（参见第 5.4 节）。与史密斯的观点相反，Trudy Netherwood 并未在消化道中细菌内发现完整的转基因，并对此进行了明确阐述。史密斯显然不知道 DNA 片段和基因的区别，但是他反复使用编造出的证据造成了严重问题。

（1）对证据的忽略以及对《转基因大赌局》前几节

引用的反驳的回避提供了一个充满幻想的推测平台。本节以重复史密斯在前面创造的错误信息开篇，这些错误信息我们已经在第 2.4、2.5 及 2.6 节中进行了详细评价。再重复一下那里提出的主要观点：转基因启动子不会激活邻近基因；在诸如水稻、香蕉、马铃薯和番茄等传统育种植物的基因组中发现各种双链逆转录病毒的无数植入片段，史密斯认为 35S 启动子具有的假定风险这些片段同样具有；含有与 35S 启动子相似的启动子 DNA 的双链逆转录病毒在我们的食物中很常见；在植物感染病毒过程中，逆转录病毒 DNA 以褪去外壳的形式通过植物细胞核，使其可以将自身嵌入植物基因组中（Hardwick 等，1994；Hass 等，2002；Hull 等，2000），而基因工程植物中含有 35S 启动子的转基因 DNA 在遗传方面并非不稳定（Hull 等，2000）。植物基因中含有与人类基因启动子十分近似的启动子（R. Hull，未出版的研究成果）。

（2）现有非转基因食物中存在大量 35S 启动子 DNA，而相似的启动子以嵌入传统育种粮食作物基因组中的 DNA 形式存在。史密斯花了很大力气想要忽略这些事实，但是他错了。转基因食物并非 35S 启动子唯一来源，因为常见这种病毒感染十字花科食用植物（Hardwick 等，1994）。他认为与其嵌入植物 DNA 相比，35S 启动子进入消化道中细菌或人类细胞的可能性将降低，这一观点显然没有任何理性依据。双链逆转录病毒的自然生命循环通过细胞核完成（Hass 等，2002），因而史密斯暗示它不会进入是错误的。相似的植物双链逆转录病毒 DNA 甚至被发现嵌入了几种传统育种植物品种的染色体中（Gayral 等，

2008；Harper 等，2002；Hansen 等，2005；Staginnus 及 Richert-Pöggeler，2006；Staginnus 等，2007），这提供了进一步的证据，说明裸露的双链逆转录病毒 DNA 通过植物细胞核直接进入植物染色体。而这些 DNA 我们都经常食用。

（3）人工实验室实验不能很好地说明在自然环境中会怎样。常被用来启动转基因、从花椰菜花斑病病毒中得到的 35S 启动子"启动信号"的确可能在哺乳动物细胞中在低水平但可检测到的程度上发生作用。但是，反映这一结果的实验环境却是高度人工创造的。将一种报告基因与 35S 启动子连接起来，而后将这种人工 DNA 结构强行植入人工培养得到的哺乳动物细胞。这与转基因植物中使用的 35S 启动子大不相同。

（4）在 35S 启动子有效驱动之下的偶然性基因集合是不太可能出现的情况。然而，完整的启动子被放到人类基因前，自发地从食物中转入人体细胞，并造成基因启动，这一系列可能性是完全不同且高度不可能出现的过程。在传统饮食结构中，我们暴露于很多此类潜在的危险，而我们很可能在进化过程中发展出了很好的机制来应对它。我们的消化道表层细胞不断脱落，进入排泄物中，并被新的细胞取代。它们是抵御外来 DNA 进入我们身体的第一道防线。在使用 35S 启动子于实验室中在哺乳动物细胞中发生低水平基因表达的事件中，需要刻意进行遗传工程操作。而这种情况偶发的概率极低。

（5）史密斯编造了 35S 启动子推动在细菌中抗除草剂基因表达的证据。为了支持他关于转基因 35S 启动子在其他生物体内制造蛋白质过程中发挥活性的断言，杰弗里·

史密斯提到了 Trudy Netherwood 及其同事于 2004 年发表的一个研究报告（Netherwood 等，2004）。事实上，Trudy Netherwood 的论文专门反驳了这一断言，并提供证据表明，从消化道细菌中缺失了该基因的主要部分，使得抗除草剂性状不可能表达，正如我们对第 5.4 节的讨论中提到的那样，史密斯在这里又想象出一个类似的错误。史密斯清楚地重复这一编造内容，他说"不仅如此，该细菌在有草甘膦的情况下存活了，表明这一启动子激活了抗除草剂转基因"，但是在 Netherwood 的报告中没有提到消化道细菌在有草甘膦的情况下存活。

（6）该讨论省略了科学专家观点及事实情况。在提到关于 35S 启动子有相反观点的同时，史密斯没有给出一条引文。关于 35S 花椰菜花斑病毒启动子的可能危害，专门针对史密斯提出问题的权威专家观点由位于诺维奇的约翰·英纳斯研究所的 Roger Hull 及其同事在 2000 年提供。在提到其他几份报告的同时，史密斯简单地跳过了 Roger Hull 所作的回应（Hull 等，2000）。

另见：

2.4 启动子是镶嵌其中启动特定基因的开关，不能"意外"启动有害基因。

2.5 用于植物基因工程的转基因启动子"启动信号"来自一种植物病毒，这种植物病毒广泛分布于各种植物中，并已知经常将其 DNA 植入植物基因组中。

2.6 含有花椰菜花斑病毒 35S 启动子的转基因植物并非不稳定。

5.4 没有显示出有完整转基因转入人类消化道细菌中。

5.7　Bt 基因不会从植物进入细菌

Bt 基因不会从植物进入细菌。

 《转基因大赌局》的虚假言论：

（1）Bt 转基因的转移能够引起肠道菌群制造 Bt 毒素。

（2）伴随着更多暴露于 Bt 作物，通过选择性压力，制造 Bt 的消化道细菌数量将会随着时间推移而增加。

（3）由于 Bt 毒素与免疫反应相关联，破坏动物肠道细胞，长期暴露可引起显著地健康问题。

《转基因大赌局》推测，食物中含有 Bt 蛋白编码的转基因可以转入消化道细菌，这些细菌可能在消化道中永久性制造 Bt 蛋白。

经过同行评议的研究分析表明：

Bt 蛋白是一种特别的生物昆虫遏制剂，广泛用于有机农业生产（Zehnder 等，2007）以及转基因抗虫作物。我们已经在第 3.3 节讨论了这种蛋白的安全性，以及在 Bt 蛋白安全性部分。作物喷洒制造 Bt 蛋白的细菌已经有超过 50 年的历史了，安全记录良好。产生 Bt 蛋白的细菌叫做苏云金芽孢杆菌，它很容易在新鲜水果蔬菜上检测到，而人类持续暴露于这种细菌。这种细菌不会在消化道中长期寄生，其近亲也不会。根据《转基因大赌局》的假设，消化道中其他细菌产生 Bt 蛋白使其在与其他微生物竞争中处于劣势。很难想象史密斯假设的情况如何能够发生，以及如何造成伤害。就 Bt 的危害而言，有机农业生产与生物技术相比更容易产生负面后果，因为有机生产农民在作物上使用制造 Bt 蛋白的活细菌，而细菌可能会在消化道中短期存活。在基因工程作物中，Bt 基因从细菌中分离出来，丧失了所有可能停留在消化道中的有效方法。

（1）携带 Bt 基因的细菌早已存在。Bt 是苏云金芽孢杆菌的缩写，与这种微生物具有密切关系的其他细菌能够在消化道中短期繁殖，但不会长期寄生。《转基因大赌局》所预见的 Bt 基因从植物进入消化道细菌的情景，与自然状态的 Bt 基因进入消化道细菌当中相比，更不可能发生。虽然在有机农业生产中广泛使用天然含有 Bt 的细菌控制农药使用，并且这些细菌有可能出现在一些食物中，但是没有出现过制造 Bt 的细菌存在于消化道中的报告（Frederiksen 等，2006；Wilcks 等，1998）。

（2）《转基因大赌局》忽略了制造 Bt 蛋白的天然细菌的现有风险。这是我们在《转基因大赌局》中看到的带有偏见的风险分析的又一例证，作者夸大了转基因的风险，却完全忽略了可以相比的、更可能发生的食物供给中的现有风险。食物中存在制造 Bt 的细菌（Frederiksen 等，2006；Kleter 等，2005），它们很容易将其Bt 基因转入其他消化道细菌中，因为制造 Bt 的细菌中基因存在于质粒的迷你染色体上，很容易进入其他微生物（Wilcks 等，1998）。这种细菌 Bt 基因转移到消化道细菌中的可能性比基因从植物转入细菌中高得多。事实上，即使是普遍认为安全并被广泛用于促进消化道健康的细菌在消化道中存续期间也很容易接受不良的对抗生素具有抗性来自其他细菌的基因（Mater 等，2008）。为什么史密斯不知道关于消化道细菌之间基因移动的这些生命事实看似一个谜。但是我们从未见过制造 Bt 的细菌在消化道中造成任何问题，这或者是因为这种基因转移没有出现，或者是因为即使出现它也是无害的，或者更可能是两者兼而有之。

（3）Bt 蛋白对于消化道细菌将是一个负担。为何苏云金芽孢杆菌没有寄生在消化道中，很可能是因为制造额外的蛋白对这些细菌而言将是一个不必要的负担，使其在肠道内高度竞争性的生长环境中处于劣势。与这一情况相似，任何继承了活性 Bt 基因的细菌都不大可能在消化道中持续存在。如果一种细菌制造一种没有用处或者不能提供选择性优势的蛋白质，它将削弱其生存能力，成为该细菌在消化道竞争性环境中的选择劣势。无论是哪种情况，这些细菌都将是无害的。

另见：3.3　Bt 作物不会致敏或致病

Bt 蛋白基因转入消化道细菌：可能与否？作者 Atte von Wright：

Bt 基因源自一种土壤细菌苏云金芽孢杆菌。该基因含有一种杀虫毒素遗传编码，并有几种变体，各自针对不同类型的昆虫。因此，基于苏云金芽孢杆菌的生物农药被使用了几十年，并深受有机生产农民欢迎，因为它们不被视为化学农药（Federici，2005；Zehnder 等，2007）。

携带 Bt 基因并表达相关抗虫性状的转基因作物已成为植物生物技术的成功案例，减少了杀虫剂的用量，并带来了其他环境效益（Christou 等，2006）。Jeff 史密斯提出这样一种担忧，担心 Bt 基因可能从摄入的转基因植物材料转入消化道细菌，使之变成"活的农药工厂"。正如在此前讨论抗生素抗药性标记传播的可能性时已经说明的那样（见第 5.5 节），这种转移是十分不可能出现的情况。为了更好地看待这一风险，让我们将其与使用非转基因苏云金芽孢杆菌作为生物农药带来的情况做一下比较。

事实上苏云金芽孢杆菌和蜡状芽孢杆菌是近亲，后者是一种常见的食物有毒细菌。主要的区别是苏云金芽孢杆菌菌株带有质粒或者自我复制的染色体外 DNA 分子，含有制造杀虫物质的遗传编码。这种质粒可以自动从一株苏云金芽孢杆菌传到另一株（Wilcks 等，1998），即使在消化道的环境中也可以明显表现出从一株细菌转移到另一株的高度潜在可能。需要记住基因在细菌之间转移（甚至在不同种类之间）是一种常见的自然现象，而 DNA 从植物细胞转入细菌则是极不寻常的。

苏云金芽孢杆菌常见于食物中。根据最近的一项研究（Frederiksen 等，2006），在零售市场的新鲜水果和蔬菜上经常检测到天然的和来自生物杀虫剂的苏云金芽孢杆菌。因此，消费者持续暴露于背景水平的苏云金芽孢杆菌。由于这种暴露，在使用苏云金芽孢杆菌生物农药和 Bt 作物之前肠道中就高度可能出现 Bt 基因的传播，但这并未使我们的肠道细菌制造出 Bt 毒素。因此，转基因作物将基因转入消化道细菌从而在肠道中制造出 Bt 工厂的风险很低。

5.8　DNA 在口腔和咽喉中微生物之间的移动

基因可以从许多其他微生物转移到口腔和咽喉内的细菌中。

《转基因大赌局》的虚假言论：

(1) 口腔中的细菌能够吸收自由态 DNA。

(2) 同理，转基因 DNA 也可能从食物中转移出来。

(3) 来自转基因作物的育种尘土或花粉可能引起基因转入呼吸道中的微生物体内。

(4) 这可能影响健康并可能发生人际传播。

《转基因大赌局》讨论了广为人知的口腔和咽喉细菌对 DNA 的吸收，但是没有讨论这种基因转移与天然微生物之间的转移的对比情况。

经过同行评议的研究分析表明：

能够对两种抗生素——氨苄青霉素和卡那霉素——产生抗药性的基因经常出现在转基因植物中，因为它们在 DNA 的实验室操作中有用。杰弗里·史密斯担忧此类对抗生素具有抗药性的基因会引入口腔细菌中。许多医学微生物学专家对这个问题进行了调查。遗憾的是《转基因大赌局》没有为读者提供这些微生物学专家的看法（Bennett 等，2004；Dröge 等，1998；Thomson，2001；van den Eede 等，2004）。从这些专家那里，读者会了解到产生对氨苄青霉素和卡那霉素抗药性的基因广泛存在于食物中、人类消化道中和作物生长环境——尤其是土壤中的微生物体内。读者还将了解到，这些基因广为人知的一点就是通过质粒在不同种类的微生物之间经常性转移。对抗生素具有抗药性的基因在不同细菌之间转移实在是意料之中的情况，并将依赖通过质粒移动的基因。

质粒是一种环形迷你染色体，可以很容易在细菌细胞中复制。很有说服力的证据表明质粒 DNA 经常在消化道中不同细菌之间转移。史密斯提到一些研究显示质粒DNA可以在口腔不同细菌之间交换。但是植物DNA和质粒DNA差别很大。植物转基因与质粒不同，不是环形的。因此，模拟口腔中可能发生的情况的质粒DNA实验结果不能推而广之适用于植物染色体中的转基因DNA。

在实验室实验中可以将口腔细菌暴露于及其大量的细菌质粒DNA并使之成功吸收部分携带对抗生素产生抗药性基因的质粒DNA，但这需要高度人工优化的环境。实验表明细菌可能利用这一途径相互交换基因。

《转基因大赌局》援引这些实验作为证据，说明在摄取食物时来自植物DNA的氨苄青霉素和卡那霉素基因可能被口腔细菌吸收。没有提到的是，除非细菌本身就带有某种基因，否则几乎不可能从植物捕获这种基因。这些植物基因不能够转入细菌中的一个重要原因是植物DNA不是环状的，也并不能够产生环状质粒，而细菌需要这样的条件才能够成功地吸收外来基因。如果基因不位于环状质粒上，基因移动就会远远没那么频繁。不理解的是，他所引用的基因被口腔细菌吸收的实验是对于细菌质粒DNA进行的，而不是植物DNA。这些实验确认了我们原有的认识，即细菌具有发展良好的相互交流质粒DNA的机制。

医学微生物学家已经得出结论，与转基因食品相比，食物及土壤中常见的携带氨苄青霉素和卡那霉素抗药性基因的其他细菌，在降低抗生素有效性方面的风险要严重得多。

从未发现转基因食品出现微生物转移对抗生素具有抗药性的新基因，虽然做了无数次实验检查是否会发生这种情况。口腔中质粒 DNA 最可能的来源是来自往往携带大量质粒的其他细菌。史密斯描述的质粒 DNA 转移实验只能证明口腔中不同种类细菌之间可能会偶尔出现抗生素基因转移现象。基因从食物中转移到口腔微生物体内仅仅是一种理论上的可能性，并未造成显著的卫生问题（Bennett 等，2004）。《转基因大赌局》一书并没有让读者了解到这些肯定性的意见。他做了许多推测，但这并不能证明基因是按照他所想象的途径移动。

另见：5.2　转基因植物不会促使基因从植物进入细菌体内

一位实地专家的看法：

"推测不是证明。我们是最早展示质粒 DNA 可以在消化道内发生转移的人之一，而后在实际环境中（Morelli 等，1988）从一个细菌转移到另一个细菌体内。虽然在我们的消化道中，这种存在于细菌细胞之间的转移每天都在发生，但是没有数据支持从植物向细菌的转移。"L. Morrelli（《应用细菌学杂志》，1988 年 11 月；65（5）号：371 - 5 页）。

（1）细菌 DNA 实验室实验不能说明植物源转基因 DNA 会发生怎样的情况（来自 Atte von Wright）。杰弗里·史密斯担心对抗生素具有抗药性的基因从转基因食品进入口腔细菌中，这一过程将依赖于感受态细菌对自由 DNA 的吸收，感受态指的是细胞壁能够被 DNA 渗透的一种生理学状态。虽然一些细菌在某些特定生长环境下天然具备细胞壁渗透性，但其他细菌则需要经过特殊处理才能使其细胞壁可以渗透。

引起史密斯担忧的实验已经在模拟口腔环境的条件下

做过。Derry Mercer 及其同事（Mercer 等，1999）测试了质粒 DNA（质粒是一种环状、自我复制的小型 DNA 分子）在存在人类唾液的环境下转入天然可转变口腔细菌的情况。可以检测到转移，但是由于 DNA 的衰退，随着以几秒钟为单位的时间推移，转移效率急剧下降。

Duggan 及合作人员（2003）将细菌质粒 DNA 放在绵羊口腔中进行了类似的实验。再一次观察到急剧的衰退现象，但经过人工处理使其细胞壁具备渗透性的大肠杆菌（天然的感受态对于这种细菌并不常见）仍能够出现可检测到的转变。

应当指出的是，在上述所有试验中都没有使用真正的转基因植物材料，而是使用了处于最有利于转变的物理形态（质粒）的提纯细菌 DNA。因此这些实验不能反映口腔中的真实情况，实际上食物经过咀嚼只能出现有限数量的 DNA 被释放出来，并且不会产生质粒。

（2）氨苄青霉素和卡那霉素抗药性基因在细菌之间广为传播。一般的食物中常含有大量携带抗生素抗药性基因的细菌（例如：Gevers 等，2003；Ramessar 等，2007），特别典型地是携带于质粒中。这些基因的一个主要来源是土壤，其中蕴含着种类繁多到令人震惊程度的各种抗生素抗药性细菌（D'Costa 等，2007；Demanèche S 等，2008）。典型的土壤微生物都对七八种不同的抗生素具有抗药性，对氨苄青霉素和卡那霉素都具有抗药性的基因很容易在土壤微生物中找到（Beneviste 和 Davies，1973；Demanèche S 等，2008；Dröge 等，1998）。不同细菌种类之间具有多种专门的机制使基因能够出现经相当频繁的转移——而从土壤微生物向食物中的细菌转移并不意外。

这种细菌基因转移当然会在消化道中发生（Morelli 等，1988）。

　　对抗生素具有抗药性的基因多次显示出在亲缘关系很远的细菌种类之间发生转移，经常是携带于质粒之中。有些质粒有能力将其自身植入种类范围广泛的新微生物宿主之中，通过一种叫做"接合"的过程随意进行自我传播（Bennett 等，2004；Dröge M 等，1998；van den Eede G 等，2004）。鉴于存在如此众多可能途径能够出现对抗生素具有抗药性的口腔微生物，医学专家得出结论，来自转基因植物的抗生素抗药性的传播风险"十分遥远，并且源于任何此类转移的危害充其量也是极其轻微的"（Bennett 等，2004）。源于环境中大量微生物可提供的基因库是病原体细菌能够捕获抗生素抗药性性状的来源所在。与这一巨大的基因库相比，难以发生转移的植物基因只是一个微乎其微的风险。

　　（3）细菌是口腔中质粒 DNA 最可能的来源。引起杰弗里·史密斯担忧的主要信息是在实验室优化环境下检测到口腔细菌吸收质粒 DNA 的实验。口腔中最可能的质粒 DNA 来源——请记住，质粒 DNA 是细菌的迷你染色体，往往由细菌细胞大量携带——是口腔中的其他细菌。许多这些细菌携带微小的环状质粒，一旦进入其他细菌，这种质粒就能够在那里进行复制。它们能够在原宿主微生物被破坏或杀死之后释放出来，这要么发生在进入口腔之前，要么发生在咀嚼食物过程中。质粒来源于转基因食品的可能性极低（Bennett 等，2004；Ramessar 等，2007；Thomson，2001），除非来自其中可能隐藏的细菌之中。史密斯实在是只见树木不见森林。他误读了这样一条信息，即确认携带于细菌质粒之中，对氨苄青霉素、卡纳霉素及其他抗生素具有抗药性的基因，相对容易以较低的发生频率转移到新的细菌宿主体内。

5.9　植物基因不会进入消化道微生物内

病毒基因不会转入消化道细菌内。

💡 **《转基因大赌局》的虚假言论：**

病毒基因转入消化道微生物将制造毒素并弱化病毒防御。

（1）如此前讨论过的，病毒产生的蛋白质可能是有毒的并使病毒防御机制失效。

（2）如果来自转基因作物的病毒基因转入消化道微生物体内，就可能制造大量潜在的有害蛋白质。

（3）病毒转基因特性更可能转入消化道微生物之中。

《转基因大赌局》第5.9节是第3.9节的一个扩展，并延续了关于抗病作物可能存在风险的讨论。它讨论了病毒重组，并推测当种植在果园中时不产生病毒蛋白的抗李痘病毒李树如何可能偶然发生变化，进而在李子中制造病毒蛋白。

经过同行评议的研究分析表明：

《转基因大赌局》这一部分内容涉及对一系列高度不可能发生的事件接连发生的推测，而这些事件即便发生也不会带来危害。这些推测基本都属于幻想的范畴。我们的科学资源被更好地用于应对更可能出现的问题，这些问题已经造成了实实在在的危害，例如现存的营养不良、饥饿及不断发生的对作物造成实际损害的传染病和病虫害。有一件事情值得严肃考虑——幸运的是从事研究工作的生物学家已经研究了这一问题。这就是有关嵌入转基因植物体内的 RNA 病毒的 DNA 形式为病毒重组开辟了新途径的想法。研究的结果令人放心——抗病毒植物的沉默机制防止杂交病毒繁殖。告诉读者已经进行了大量科研努力来分析抗病毒李子树的安全性，这对读者来说是有好处的。最近美国对抗李痘病毒李树解除管制文件对此提供了很好的阅读材料（美国农业部动植物检疫局，2007）。

本节其余内容是关于带来病毒蛋白从植物进入细菌的基因，这一系列担忧的出发点完全是错误的。正如在前面一节讨论过的，植物 DNA 不会以可检测到的程度从食用作物进入细菌之中。因此，史密斯提出的关于病毒基因进入细菌的担忧都是无从发生的。杰弗里·史密斯还担心转基因作物的稳定性，但是没有恰当地讨论已经进行的田间试验状况，这些田间试验证明，在超过十年的实践中，李树的转基因病毒保护表现稳定。

对这一情况做全面风险分析还应该考虑对作物病害无所作为带来的损害。这将涉及仔细考虑延迟采用抗病作物对农业带来的损害，抗病作物有助于管理现有的病虫害，正是这些病虫害在土地和水资源持续下降的情况下进一步削弱了我们生产更多粮食的能力。

另见：5.8　基因可从很多其他微生物转入口腔和咽喉细菌中

（1）细菌从食用植物吸收完整基因的情况从未表现出来过。《转基因大赌局》第 5.9 节建立在史密斯对基因进入细菌不清晰的认识之上。我们已经在前一节解释过他对于那些实验的误解。这些实验事实上确认了细菌之间具有DNA交换机制，但是不能以可测量到的程度从食用作物DNA中吸收植物DNA。力图检测到细菌吸收植物DNA的众多实验不断宣告失败（Gerhard 与 Smalla，1998；Nielsen 等，1997；Schlüter 等，1995），除非细菌经过专门的生物工程手段已经拥有测试基因，使之吸收新遗传材料的能力增强。Frank Gebhard 和 Kornelia Smalla 总结了力图检测到这种基因转移的众多实验的失败，并探讨了失败原因（Gerhard 与 Smalla，1998）。他们指出细菌仅吸收DNA的小片段——基因的组成部分。细菌具有很完善的机制能够将进入其中的DNA切碎，十分不可能出现足够大的DNA片段构成一个完整的基因。这都说明李树病毒蛋白基因进入消化道细菌高度不可能发生。如果细菌要生产出额外的蛋白质，而这不能为其带来任何竞争优势，这种细菌要想在人类消化道中长期盘踞下去可能性很低。

（2）在进化过程中，相对于不同种类细菌之间经常发生的基因转移，甚至包括细菌基因进入动物和真菌体内，植物基因转入细菌是十分罕见的。生物学家研究进化时惊奇地发现基因跨越生物界以及在不相关的物种之间转移。这种转移发生速度非常慢，短期之内很难发现，例如在一代人的生命周期之内。但是植物基因向细菌转移相对于不同细菌种类之间的基因交换速度对比则值得一提。近期有一篇科学评论（Keeling 和 Palmer，2008）是关于不同生物体之间基因转移的——这被称为横向基因转移，这篇文章对以下情况作了评价：相对于细菌十分随便地接受来自其他微生物的外源基因而言，细菌吸收的来自植物（以及动物）的基因则是非常罕见，这一点令人感到惊奇。细菌的滥交广为人知，一个典型的微生物体内往往含有来自其他种类细菌的大量基因，然而在进化过程中很少发现细菌保留来自植物的基因。我们并不完全了解为什么会这样，但是显而易见的是，整体而言，不同细菌之间的基因转移比起基因从植物进入细菌要频繁很多。所有这些证据都完整地存放在细菌基因组基因移动的进化档案中，可以很容易利用现代科学技术破译。因此，进化记录上清晰地记载了在长期的进化过程中，不太可能存在基因从植物转入细菌。那么基因从细菌转移到动物呢？甚或吞噬性原生生物呢？那将是十分不同的故事了（Citizendium，2007；Gladyshev 等，2008；Keeling 和 Palmer，2008）。

（3）抗病毒李树（C5 李树）中基因沉默的稳定性已经过细致的实地检验。史密斯臆测专门挑选出来不产生李痘病毒蛋白的 C5 李树将恢复制造病毒蛋白。防止在转基因 C5 李树组织中制造李痘病毒蛋白的基因沉默机制（Hily 等，2005）的确可能出现基因沉默机制逆转，由于基因未由不可逆变异致其沉默，而使之可能制造病毒蛋白。然而，开发出这种果树的科学家已对抗李痘病毒李树进行了长期的田间试验以验证其稳定性。随同对这种转基因植物解除管制，美国政府动植物检疫局的文件提到，"对 C5 李树在不同地点和不同环境下进行了为期 10 年的田间试验，表明其抗病毒性状稳定。"这些试验也在同行评价的科学文献中作了报告（Hily 等，2004），结论是将这些李树刻意暴露于李痘病毒以及全面的试验表明在整个田间试验过程中转入基因保持沉默。与早期温室测试一样，这种转基因果树在整个测试期间保持了病毒抗性。与此对照，95％的敏感的非转基因果树在四年之后感染了病毒。《转基因大赌局》没有提及 2004 年及此前发表的有关验证病毒基因沉默稳定性的田间试验的文章。

（4）对于抗李痘病毒李树（C5 李树），美国农业部动植物检疫局经评估认为出现新的或不同性状的病毒的可能性非常低。杰弗里·史密斯引用了生物学家 Jonathan Latham 关于抗病毒李树开启了病毒进化新途径的观点。其他的生物学家对此持有不同意见，但是《转基因大赌局》的读者并未被告知这一点。C5 李树可能减少病毒在李树之间的传播，从而降低病毒相互作用的可能性（这已在夏威夷抗木瓜环斑病毒转基因木瓜上体现出来），史密斯似乎并未看到这一点。

美国农业部动植物检疫局关于抗李痘病毒李树（C5 李树）发布了"未发现显著影响和决定通知"，得出了与 Jonathan Latham 和杰弗里·史密斯不同的结论。动植检疫局完整记录了对 C5 转基因李树中基因与病毒互动的评估，同时引用了广泛的科学文献（动植检疫局，2007），得出结论：

"在对病毒相互作风险的评估中，动植检疫局考虑了重组、异种壳体化和协同作用的潜在可能性。在于世界各地进行的研究基础之上，现在已经有了关于李痘病毒以及其他马铃薯 Y 病毒组病毒的广泛科学知识。对所有现有的科学信息的分析表明，出现新病毒或具有新的/不同性状的病毒的可能性非常低，甚至不存在。由病毒相互作用带来风险的可能性低表明 C5 '蜜甜'李子不存在植物有害生物风险。"

动植检疫局指出在自然界常见植物同时感染多种病毒，受感染植物中存在多于一种病毒从理论上来说提供了史密斯所担忧的病毒重组的机会。动植检疫局认为，"然而，根据已发表的文献和研究人员收集的尚未发表的数据，在自然条件下病毒产生新的不同疾病并不常见"。换言之，新的病毒组合对于转基因抗病毒李树并不是什么新鲜事，而这对于疫病专家而言并不会带来什么可觉察到的危害。在广泛引述对于 C5 李树可能产生新病毒风险的科学讨论后（所有这些《转基因大赌局》没有提及），动植检疫局的结论是"因此，根据现有的科学信息，C5 李树广泛种植看起来不会增加李痘病毒壳蛋白与其他病毒重组的可能性。更不可能出现任何重组导致新的不同疾病特性"（动植检疫局，2007）。

（5）对于转基因植物而言 RNA 病毒转为 DNA 副本并不新鲜，而转基因病毒保护提供了内在的保护，避免新的杂交病毒。《转基因大赌局》在这一部分提到了生物学家 Jonathan Latham 的一些有趣的推测，他指出针对 RNA 病毒的保护涉及创造嵌入植物基因组的 RNA 病毒部分的 DNA 副本。Latham 指出这可能使得病毒能够与一系列新的生物体重组。这对于转基因抗病毒植物并不新鲜。病毒进化过程中经常会产生 RNA 病毒的 DNA 副本，并嵌入宿主基因组中。因此，虽然 DNA 副本的产生可能开启新的进化途径，这种途径却在过去为许多病毒敞开过（Davidson 和 Silva，2007；Tanne 和 Sela，2005）。已经报告做过一些评价这种病毒进化途径是否可能产生新的成功的杂交品种的试验。实验的结果令人放心，不相似病毒的杂交后代在自然选择上处于不利地位（Chung 等，2007）。植入转基因植物中的病毒沉默机制将会抵抗任何产生出来的杂交病毒，阻止其扩繁。

第6章
转基因作物保护食物链

6.1 抗草铵膦除草剂作物的安全性

抗草铵膦除草剂作物食用安全。

《转基因大赌局》的虚假言论：

抗草铵磷作物可能会在我们的肠道中制造除草剂。

（1）一些作物通过基因工程手段实现对草铵磷类除草剂的抗性。

（2）作物将除草剂转化为一种化合物，这种化合物被视为是无毒的，称为 NAG，保留在植物体内。

（3）一旦人畜摄入了 NAG，消化道细菌可能将部分 NAG 复原成毒性除草剂。

（4）除草剂已知具有毒性，具有抗生素作用，可能消灭或扰乱消化道菌群。

（5）如果抗除草剂基因转入消化道细菌，这将会放大这些问题。

《转基因大赌局》担心抗草铵磷除草剂作物中的微量除草剂可能有害，钝性的除草剂可能被消化道细菌重新激活。

经过同行评议的研究分析表明：

《转基因大赌局》的这一部分重复了第5.3节提出的担忧，并建立在同样的误解基础之上。很不幸，杰弗里·史密斯不知道只有极微量的除草剂可能出现在食物中。虽然有些除草剂残留可能存在于叶片上，但很少有残留进入我们食用的种子之中。当把史密斯所担忧的草甘膦除草剂饲喂给实验室动物时，它很快在粪便中排泄出来，很少进入身体。当将少量除草剂喂给大鼠时，除草剂排出的过程更为迅速和高效。这解释了为什么对食物中除草剂残留限量的法定标准能够提供充足的保护，确保来自抗草铵磷植物的食物是安全健康的。不幸的是，《转基因大赌局》没有告诉读者从饮食中摄入的除草剂很快就会从粪便中排出，而监管机构在设定食物中的法定限量时充分考虑了消化道中任何细菌重新激活现象。

另见：5.3　转基因和消化道存活

（1）植物上非常少的草铵磷残留最终进入种子。杰弗里·史密斯提出对进入食物的除草剂残留的担忧。在现有的转基因植物中，例如玉米和大豆，我们所食用的部分并非施用除草剂的部分。已经采取了精心措施，只有很少一部分作物上的除草剂残留进入我们所食用的种子之中。史密斯不知道提供这方面信息的科学论文（Ruhland 等，2004）。幸运的是，草铵磷对人畜毒性很低，因而在任何时候低剂量暴露都不会造成伤害。监管机构针对每种农药和作物设定了最高残留限量（例如美国环保署设定的允许量，参见 http：//www. epa. gov/pesticides/factsheets/stprf. htm）。

（2）监管部门在设定安全倍数时是假定除草剂会被细

菌重新激活的。杰弗里·史密斯担心除草剂在消化道中被细菌重新激活可能使我们暴露于不可预知的风险。在设定除草剂可接受限量时，包括确定安全倍数时，监管机构假定任何存在的除草剂都会被细菌充分激活。在安全性评估中，钝性的除草剂都被视为已经被完全激活，细菌可能增加草铵磷除草剂残留毒性的可能性已经被考虑到食品中除草剂残留法定允许限量的因素之中（粮农组织——世卫组织，1999）。

（3）食物中几乎全部草铵磷残留都很快在粪便中排出。研究身体如何处理除草剂残留的实验室实验已经在不同动物身上做过，结果显示草铵磷迅速从身体中排出。只有很小比例的除草剂经饮食进入身体，而这很快从尿液排出。当摄入量很少时，从饮食中摄入的除草剂残留会更加迅速地从人体排出。这种残留排出过程是除草剂残留安全评估的一部分，但是史密斯并未加以讨论（粮农组织——世卫组织，1999）。

（4）消化道中不存在除草剂表明抗除草剂基因没有为细菌提供任何选择性优势。消化道细菌可能提高除草剂毒性的可能性是在《转基因大赌局》前面的章节中提出来的。这种假设在我们的第 5.3 节中已经被发现是难令人信服的。

6.2 新型抗除草剂作物有利于环境，减少农业的影响

新型抗除草剂作物促进有利于环境的免耕农作，并使除草剂的使用转向更为可取的化学制品。

《转基因大赌局》的虚假言论：

抗除草剂作物使除草剂的使用增加，并使食物中的残留增加。

（1）抗除草剂作物使得相关除草剂的使用增加。

（2）作物中除草剂残留的增加能够助长这些化学制品对人类、动物及其后裔的毒性作用。

（3）除草剂使用的增加也可使营养成分改变，例如黄酮，使转基因作物变得不那么有营养。

（4）抗除草剂杂草的加速出现，导致增加使用毒性甚至更强的除草剂品种。

抗除草剂作物因增加化学污染而造成健康问题。

经过同行评议的研究分析表明：

除草剂的安全与遗传工程的安全没有什么关系，许多抗除草剂的作物，如抗阿特拉津和抗咪唑啉酮类的作物，都不是用遗传工程培育出来的。例如，抗阿特拉津除草剂的非转基因油菜得到了广泛的采用，甚至是在一些禁止使用阿特拉津除草剂的国家也得到了广泛的推广。除草剂安全是一个农场经营安全的问题，而不是基因技术的问题。抗除草剂的常规作物引起的安全问题与转基因作物相似。

从全球来看，除草剂使用总量的大幅增加不能归咎于转基因作物。从一些作物（棉花和油菜）来看，按每公顷施用的有效成分衡量，转基因技术使得除草剂的用量大大减少了（13％）。更加重要的是，转基因作物使得人们能够转而使用环境影响较小的除草剂，因此转基因作物在全球使环境影响减少了14％（Brooks G 和 Barfoot P，2007）。在美国政府的报告中表明，玉米除草剂的用量从

1995 年到 2002 年趋于减少，正像棉花除草剂的用量从 1995 年到 2001 年趋于减少一样（Fernandez-Cornejo 和 Caswell，2006）。《转基因大赌局》中关于除草剂使用量的统计数据过时且不完整，而且还漏掉了这些趋势。

除草剂的主要新用法因转基因作物而成为可能，即作物栽种后紧急喷洒防治杂草的抗农达除草剂的有效成分草甘膦，这种用法是非常安全的，因为草甘膦对人类无毒，而且不易沥滤到溪流和河流。抗草甘膦作物可提供《转基因大赌局》没有认识到的安全与环境效益。它们有助于在北美和南美推广使用免耕农作，从而节土、节水、节省柴油燃料、减少径流和碳排放。抗草甘膦转基因大豆品种也使得除草甘膦以外的其他除草剂用量减少，例如用于大豆的咪草烟、氯嘧磺隆、二甲戊乐灵和氟乐灵（CASTS，2004），因而减少了除草剂污染造成的潜在健康危害。

（1）各种除草剂的潜在环境影响和健康影响是不相同的。所有的除草剂都不是一样的。就潜在的健康影响来说，这不仅仅是土壤或作物里存在的除草剂化学残留物的数量问题，而是除草剂对活性系统如何影响的问题。可对这种生物影响加以科学分级，例如用环境影响指数来评估不同的除草剂。环境指数低的，意味着是较为安全的除草剂（Brooks G 和 Barfoot P，2006；Brooks 和 Barfoot P，2007；Crossan 和 Kennnedy，2004；Devos 等，2008；Kovach 等，1992）。

（2）遗传工程让人们对除草剂有了更多的选择，进而提供了更大的安全。除草剂是生产性和可持续农作的一个重要部分。通过有助于采用免耕农作和其他环境友好的保护性耕作方式，除草剂可使粮食产量提高，使劳力和燃料的使用减少，使土壤流失和侵蚀减少到最低限度，使进入水系的沥滤减少，并使土壤里的碳积累增加（Fernandez-Cornejo 和 Caswell，2006；Devos Y 等，2008）。常规作物往往限制了农民能够使用的除草剂的范围，而可得到的选择往往只是那些环境指数较高的除草剂。

（3）生物技术并未增加食物中除草剂残留物相关的健康风险。草甘膦可以被认为是已知毒性最小的除草剂。它的环境影响指数很低。它被微生物迅速地转变为非活性的分解物，使其无法持久存在。草甘膦的分解物之一氨甲基膦酸为史密斯所提及。尽管他没有提到氨甲基膦酸在食物里的存在只不过是微量而已，不会引起毒性效应关切（经济合作与发展组织，1999）。无论是草甘膦还是其降解物氨甲基膦酸，都不是从消化道吸收的。它们在任何身体组织中都无法进行生物积累，并在啮齿动物饲喂安全性实验中接受了广泛的试验（Williams 等，2000）。如同在《转基因大赌局》中常见的情况一样，这一安全试验没有被提及，尽管在史密斯引用的文献中提供了这个案例。在告知读者关于草甘膦和氨甲基膦酸安全的已知情况方面，他做得很差。

由于用于大面积转基因作物的草甘膦取代了其他农业除草剂，如咪草烟、氯嘧磺隆、二甲戊乐灵和氟乐灵，农民对这些除草剂的使用总量减少了，这些除草剂甚至是在食物中微量存在的机会也都减少了。对于转基因作物增加了食物除草剂污染的言论，《转基因大赌局》没有以任何关于除草剂具体测定数据的证据来给予支持。这些言论几乎肯定都是错误的推测而已。

（4）抗草甘膦作物把进入水系的除草剂减少到最低限

度。就供水方面化学污染的风险而言，草甘膦除草剂具有以下几点优势。草甘膦可被土壤牢固吸收，因而不随土壤中的水流动。土壤细菌的生成物可使草甘膦迅速代谢为无害物质，因此不会长期存在于生态系统之中。除了毒性低以外，这意味着水生生态系统受到在农业中草甘膦使用的威胁小于其他除草剂的使用（Crossan 和 Kennedy，2004；CAST，2002）。草安膦抗性——转基因除草剂另一大性状——为水生生态系统提供类似的安全（Devos 等，2008）。《转基因大赌局》没有讨论关于草甘膦和草安膦的这些环境优势，尽管有文献资料对这些优势予以充分记载。

（5）抗除草剂大豆不改变植物雌激素的水平。史密斯引用了一个赞成用草药治病的有关小组的论文，宣称抗除草剂大豆的异黄酮水平低于可与之相比的常规大豆。奇怪的是，他没有注意到他引用的刊登在一个高水平科学刊物上的另一篇论文（Duke 等，2003），这篇论文说转基因和非转基因品种之间没有区别，而且这篇论文引用了得出同样结论的更多的研究报告（Taylor 等，1999）。对于史密斯的见解与科学文献之间的这种不同之处有一种解释——环境条件能够使大豆异黄酮素水平显著升高或降低。Simth 在考虑能够影响食物构成的所有条件时太不仔细了。他就是不理睬他引用的论文中与他的断言相左的证据。

6.3　许多食物都含有植物雌激素

许多食物都含有内分泌干扰素，其中包括谷物、水果、浆果、亚麻子、苜蓿以及大豆和绿豆等各种豆子。

《转基因大赌局》的虚假言论：

微量除草剂可起到内分泌干扰素的作用。

（1）某些化合物可在浓度极低的情况下干扰内分泌机能。

（2）对于抗农达的研究表明，抗农达可能是这样一种化学制品，它干扰与人性激素产生有关的内分泌活性，不过还需要对这种除草剂和其他除草剂进行更多的研究。

（3）关于转基因作物，抗草铵膦和抗农达的使用增加，可使人们通过食物和水受到这些低剂量作用的影响。

《转基因大赌局》断言，除草剂具有类激素活性，这可通过扰乱内分泌激素循环而有害于人体健康。

经过同行评议的研究分析表明：

《转基因大赌局》对食物中的内分泌干扰素进行了推测，但却没有提及通常饮食中含有大量由植物产生的内分泌干扰素的化学合成物。内分泌干扰素来源丰富的食物（通常被称为植物化学合成物，即植物雌激素）包括亚麻子、绿豆、大豆和越橘。在饮食的激素作用是可取的情况下，例如妇女防控"生活方式的改变"或乳腺癌的风险，或减少男女罹患的大肠癌，这些合成物是合乎需要的健康促进物质。在激素作用不可取的情况下，这些合成物很可能被看作为危险的或不健康的。植物化学合成物的潜在不可取的干扰作用会扰乱未出生婴儿的大脑发育。

在这一节中，杰弗里·史密斯对作为潜在内分泌干扰素的除草剂进行了推测，但却没有提及在许多食物中存在着由植物产生的大量内分泌干扰素（Mazur，1998；Tolman J，1996）。我们认为，史密斯对除草剂引起内分泌干扰的言论是无稽之谈，不过这是题外话了。他完全误导了关于饮食雌性化类激素活性的讨论，根本不提食物所具有的雌性化的综合影响，例如大豆、苜蓿芽、亚麻子或绿豆等，这只能使干扰人们无法做出明智的食物选择。我们只能建议人们，特别是母亲和孕妇，在事关他们健康的任何情况下，留意关于人体健康和营养的可靠专业意见来源，完全避开《转基因大赌局》。《转基因大赌局》存有偏见，而且对于健康和营养的看法极不准确。感兴趣的读者应该查明植物合成物，如黄酮类芹菜素和槲皮酮、异黄酮染料木黄酮、鹰嘴豆芽素 A 和大豆黄酮；还有其他植物化学合成物，如木酚素、香豆雌醇和熊果酸。人们还应该对作为植物化学合成物丰富来源的多种食物进行调查，并向健康专业人士咨询，查阅声誉良好的书籍和杂志。避开《转基因大赌局》以及那些由没有受过科学或医学教育的人士编写出来的类似的小册子。

（1）内分泌干扰素在食物中是常见的。谷物、水果、浆果、大豆及其他豆类都含有内分泌干扰素强的许多合成物。对于人体健康来说，这些内分泌干扰素既是有益之物，也是隐藏的危险之物。在有些情况下，摄入这些食物被认为是健康的，例如在防控妇女乳腺癌风险的情况下。在另外一些情况下，特别是在妊娠期，过量摄入内分泌干扰素是非常不可取的。对于食物中激素活性的讨论过于简单地围绕好坏之分无助于探讨一个相当复杂而又重要的健康问题。要记住，饮食中的化学合成物可增加或减少癌症风险，可影响未出生婴儿的大脑发育和器官正常发育，诸如大豆、亚麻子和绿豆等食物无疑是含有这类化学合成物的。由于在有染料木素和香豆雌酚这样雌性化学合成物来源丰富的苜蓿草地放牧，使许多绵羊和母牛变得不育。实验室进行的实验证明，食物中的这类植物化合物可影响动物的器官发育（Cassidy，2003；Humfrey，1998；Tolman J，1996；Lindner，1976）。

科学界知道这些作用已有50年了，但公众只是在比较近期才开始听说这些作用。人们应该依据合理的医学和营养学意见来决定自己吃什么食物。他们关于控制饮食中类激素化合物的决定，应该基于他们自己特定的健康状况、生命阶段、是否怀孕或者是否母乳喂养等。史密斯没有提供关于食物的合理健康信息。他没有生物学或医学的证书，他的研究工作令人惋惜，他的著作谬误满篇。

（2）雄激素或类雄性激素通过一种被称之为芳香化酶的酶，转化成雌激素或类雌性激素。史密斯讨论了把雄性化激素转化成雌性化激素的这种酶催化剂。史密斯根据对分离出来的人体细胞进行的试验争辩说，除草剂的制剂草甘膦和抗农达抑制这一催化剂。这些都是非常高度的人为条件，即让这种酶非常直接地接触除草剂。他推理中的谬误之处在于，含有只不过是微量除草剂的食物实际上是不可能具有如此高的暴露量。要确定除草剂是否具有内分泌干扰活性，所需要的是对喂食除草剂的活体动物进行实验。这类实验已经有人做了，但没有获得任何关于内分泌干扰的证据（Williams等，2000），可是这并没有为史密斯所提及。他引用的那篇讲述关于对人造细胞系统影响的文章（Richard等，2005），只看到了在除草剂浓度要比食物产生的浓度高得多得多的情况下的作用。除了极其低的浓度以外，除草剂化合物不太可能以任何其他浓度进入体内（Williams等，2000），因此这项研究实际上证明草甘膦不可能影响人类的生殖。

（3）《转基因大赌局》不提论证草甘膦除草剂是安全的重大研究。正如《转基因大赌局》的典型做法一样，史密斯回避向读者提供那些反对他推理方式的至关重要的安全研究。尤其是，史密斯避免解释除草剂合成物为何不能够以可造成伤害的浓度进入体内。关于草甘膦除草剂的安全研究表明，草甘膦不进行生物积累，主要是通过排泄物排出体外，而且体内的任何重要转化体通常都在尿液里被迅速排出。从化学上来看，草甘膦喜水，因此不大可能穿过身体的若干表层进入细胞。草甘膦在化学作用上不同于能够进行生物积累的喜脂肪的雌激素（Williams 等，2000）。

（4）内分泌干扰对于理解饲喂小鼠的大豆影响非常重要，但杰弗里·史密斯恰好忘记了内分泌干扰。在《转基因大赌局》的第 1.10～1.12 节中，用了很长的篇幅讨论用不同种类大豆喂养的小鼠的生长行为。在 Manuela Malatesta 和她的同事做的这些实验中，对一种转基因大豆品种与一种所谓的野生大豆品种进行了比较。在这些实验中，至关重要的是核查不同大豆品种的植物雌激素的组成，因为在用大豆饲喂啮齿类动物的情况下，植物产生的化学合成物通常会产生内分泌干扰作用（Brown 和 Setchell，2001；Thigpen 等，2004）。杰弗里·史密斯回避关于这个问题的任何讨论，而是试图就器官对在这些小鼠实验中采用饮食的反应的不同之处，去谴责遗传工程。没有对 Manuela Malatesta 研究中使用的不同种类大豆的植物内分泌水平进行分析，而这种缺乏针对雌激素的动物饲料的化学分析，意味着 Malatesta 得出的结论是错误的。

见第 1. 10~1. 12 节的讨论

1. 10　饲喂抗农达大豆的小鼠肝细胞正常

1. 11　饲喂抗农达大豆的小鼠胰岛细胞或酶无变化

1. 12　饲喂抗农达大豆的小鼠睾丸细胞无变化

（5）微生物产生的内分泌干扰素对解释猪和牛不育性非常重要，而杰弗里·史密斯对此也是只字不提的。某些霉菌在谷物上生长的期间，可产生内分泌干扰素。如果农畜吃进这些发霉的谷物，就能够变得不育。《转基因大赌局》第 1. 8 节讨论了农畜吃进谷物后变得不育的一个事例，但是却不提造成这个问题最可能的原因，即在谷物上生长的真菌使真菌的内分泌干扰素得以形成（值得注意的是，霉菌产生的化学合成物已知为玉米赤霉烯酮）。

另见：1. 8　猪和牛没有因吃转基因玉米而不育

6. 4　转基因作物含有的毒素少于非转基因作物

转基因作物不积累环境毒素，也不在吃进这些作物的动物体内聚集毒素。

　《转基因大赌局》的虚假言论：

基因作物可积累环境毒素，或在用转基因饲料喂养的动物的奶和肉里聚集毒素。

（1）食品药品管理局的科学家告诫说，转基因作物可从环境中聚集毒素，如重金属和除草剂。

（2）有证据表明，转基因大豆油中含有重金属。

（3）食品药品管理局的科学家还说过，转基因食物中的毒素可在奶或肉中聚集。

（4）在牛奶里发现了转基因的 DNA 片断。

（5）尽管几乎没有就此进行过什么研究，但是少量的抗农达有可能残留在动物体内，从而影响精子的质量。

（6）在转基因作物中过度使用抗农达和抗草铵膦，扩大了这些类别的风险。

《转基因大赌局》推测，转基因作物可积累环境毒素，致使在被食用的动物产品中毒素的积累。

经过同行评议的研究分析表明：

在本节中，杰弗里·史密斯的言论所基于的论据是如此不实在，不值得进行详尽的分析，只不过是要简略地指出其在何处使人产生误解以及在何处论述不充分。

我们已经提到过，他早些时候关于转基因作物中除草剂残留增多的断言并没有得到任何对除草剂残留水平测量的支持。在本节中他重复着这些断言，但却拿不出任何进一步的论据。转基因技术实际上促使转向减少使用除草剂，转向使用不那么持久的和不那么有害的除草剂（Brooks 和 Barfoot，2007）。然后，他继续提到来自北京的一份报告，一份关于北京市场上出售的植物油中含有低水平重金属的报告。令人惊讶的是，他认为这表明转基因作物能够主动地聚集重金属。让人疑惑的是，如果史密斯碰到了最近中国奶制品三聚氰胺污染丑闻中基因操作的某个环节（《今日美国》2008 年），他是不是就会断言是遗传工程使得奶牛生物积累三聚氰胺的。中国奶产品中污染物的微量水平存在，更为实际地说是表示出中国的污染情况和食品的低标准，而不是由遗传工程造成的。他援引的这项研究并没提供证据表明转基因作物生物积累重金属。

　　然后，杰弗里·史密斯继续引用食品药品管理局兽医中心的若干文件，而这些文件并没有对他的言论给予实在的支持。人们只能假设，史密斯是在假设读者过于懒惰，而不会去查阅文件看看都在说些什么。如果加以仔细的研究和思考就会发现，他对 Bt 毒素在食物链中进行积累的评论再次使用了与他正在进行的评论毫不相干的论据。最后，他继续断言草甘膦除草剂将会产生生物积累。已发表的关于草甘膦的安全评估表明，这种情况并没有发生。至少，他勉强地承认了这一对立论据的存在（Williams 等，2000）。

6.5　抗病作物对人类是安全的

　　抗病作物不对人类构成风险。

《转基因大赌局》的虚假言论：

　　抗病作物可促成新的植物病毒，为人类带来风险。

　　（1）抗病毒转基因保护作物免受一种病毒的侵害，但可增加对其他植物病毒的易感性。

　　（2）由于增加了农药的使用，人类处于受感染作物带来的风险之中。

　　（3）它们也可导致潜在有害病毒蛋白质的消耗增加。

　　《转基因大赌局》推测，抗病作物可促成新的病毒，而这可能对人类有害。

　　经过同行评议的研究分析表明：

　　植物病毒常常通过蚜虫或其他昆虫传播，造成食用作物的大量损失，例如西葫芦、木瓜、李子、甜菜和玉米，因为病毒对食物和作物都造成损害。幸好，尽管植物病毒会对粮食生产造成巨大损失，却不对人类构成任何伤害，也不会引起人类的任何疾病。史密斯的书是关于人类安全风险的。现在没有由转基因抗病植物构成的人类健康风险。

预防由植物病毒病造成的粮食损失往往要求反复喷洒除虫剂，以便消灭在植株间传播病毒的昆虫。20 多年前发现可用基因工程把植物改变成为抗病毒病的，这在以新的方式生产更多的粮食和不受损害的蔬菜方面，向前迈出了一大步。这也意味着，防治传播植物病毒昆虫的杀虫剂使用量随之减少。

运用遗传工程成功地阻断植物病毒病，依靠把对应一种病毒基因的一个 DNA 片断插入植物染色体。这种在植物的染色体中插入 DNA 片断的做法，可抑制病毒在该种植物中繁殖的能力，从而中断作物中病毒的繁殖。

在美国大陆、夏威夷、西班牙、法国和罗马尼亚，种植这类转基因抗病西葫芦、木瓜、李子和葡萄的 20 年经验表明，杰弗里·史密斯担心的问题实际上并未发生。史密斯担心新的病毒在这些作物中产生。实践经验是，病毒性流行病停止了，而且田间生长的抗病作物中没有产生新的病毒。《转基因大赌局》对于新的病毒可能在这些作物中演变的方式做出了理论上的论断，但是避免提及表明他所惧怕的问题在多年的农作经验中并没有被发现的这一实践经验。

《转基因大赌局》也没有提及广泛的科学调查，这些调查表明该书想象出来的理论问题将完全不可能在种植抗病毒作物的期间发生。同样不可能的是，随着病毒在田间的演变，抗病毒作物将能够使任何让自己变得不同于现在样子的变化发生。史密斯还避免提及的是，监管机构关于抗病毒作物安全的大量讨论（美国农业部—动植物卫生检疫局，2007）。经过长期细致的科学研究，在发现这些作物是安全的之后，美国农业部—动植物卫生检疫局最近批准了抗李痘病毒的抗病李子树。

担心新的病毒——记住在使用抗病毒作物的 20 年里这些新病的毒并未发现——将使对蚜虫喷洒的农药增加，以便消灭传播这些病毒的这种昆虫。在实践经验中，抗病作物没有因为病毒患病，意味着不怎么需要喷洒杀虫剂来防治像蚜虫这样的昆虫。史密斯对于抗病作物会增加杀虫剂使用的担心与有关抗病作物的实践经验是不一致的，而且也是不合逻辑的。

《转基因大赌局》认为，某些植物病毒蛋白质对于人体可能是有毒的，尽管这一点还没有得到证实。该书只字不提抗病毒植物使植株中的病毒蛋白质数量减少，并会使这些可能被摄入的假设病毒蛋白质数量减少。还没有发现感染植物的病毒或其病毒蛋白质对人体造成任何毒性作用或使人致病。植物病毒不影响人体细胞，即使是我们通过饮食中许多不同的食物频繁地接触它们。

杰弗里·史密斯的书间接地推测，转基因作物将会产生对人类有害的新病毒。许多不同的病毒已存在于作物之中，在田间的情况下，由两种病毒引起的混合感染十分常见，已经具备通过病毒演变而成为新病毒的潜力，而且偶尔确有发生。因此，我们已经接触到一点这样的可能性，就是新的病毒可能会出现在我们的食物中，但是没有理由认为这样的事件就会有害于我们，而且没有理由认为如果这样一种演变而来的病毒是因为采用转基因作物所致，这种病毒就会是有害的。没有理由认为，转基因作物将使这样一种新病毒产生的机会增加，就像史密斯推测的那样。恰恰相反，通过改种抗病毒植物就有可能预防病毒性流行病，从而使新病毒出现的机会减少。还没有发现造成对人伤害或使人患病的植物病毒。在整个这一节中，史密斯都处在一个他自己创造出来的想象中的世界，而不是病毒和粮食生产问题正在通过抗病作物得到解决的真实世界。

（1）植物病毒及其基因已在我们的食物中被发现但并没有造成任何伤害。许许多多病毒影响到我们吃的食物。它们没有致使人患病，但是它们能够损害作物，使之减产，能够使蔬菜水果变得畸形而对消费者失去吸引力。此外，作为插入物的病毒 DNA 片断还被发现普遍存在于植物基因组里，包括许多食用植物的基因组。这不造成什么问题，但是史密斯对转基因作物推测的所有假想风险也可能出现在目前这些含有病毒 DNA 的植物中。大多数人并不太熟悉关于他们食物的这一事实，因此如果史密斯小心谨慎地解释了病毒及其 DNA 的分布有多么广泛的话，人们很可能就不那么担心他关于病毒的所有这些谈论了。除了损害食物外，这些病毒没有一种造成对人类的任何伤害。

许多不同类别的食物都受到这种或那种病毒的影响。谷物，如玉米，可受到由昆虫传播的病毒的损害，这造成非洲粮食生产的严重损失。病毒对主食作物造成的损害，是保护作物免受病毒损害的遗传工程方法作为提高粮食产量的一种手段之所以重要的一个原因。1998 年，解除监管的抗病毒木瓜被引进夏威夷的木瓜业，因为病毒使木瓜作物大量死掉。监管机构批准了抗病毒木瓜商业化的原因之一是，以前木瓜中存在的大量木瓜环斑病毒并没有引起木瓜食用者的过敏或中毒反应（Fuchs 和 Gonsalves，2007）。病毒存在于芸薹属植物中，例如卷心菜。植物病毒存在于马铃薯、葡萄、菜豆类、花生、番茄、大豆、黄瓜、生菜和甘薯之中。现在没有证据表明，任何这些病毒可对吃进这些食物的人引起任何问题（Fuchs 和 Gonsalves，2007）。

植物染色体中布满了寄生的 DNA，包括与病毒有关的 DNA。植物基因组永久携带的这种 DNA 片断插入物，可来自任何一种不同种类的病毒——例如，逆转录病毒、类逆转录病毒、双生病毒、马铃薯 Y 病毒（Fejarano 等，1996；Harper 等，2002；Mette 等，2002；Tanne 和 Sela，2005）。因此，食用植物的染色体含有病毒基因片段不是不寻常的。这些病毒基因片段插入物甚至能够使植物形成病毒蛋白质，例如某些葡萄藤能够从较早的病毒感染中捕获的马铃薯 Y 病毒基因中产生某种病毒蛋白质（Tanne 和 Sela，2005）。现在也没有证据表明，植物基因组里病毒基因片段的存在可引起任何问题（Harper 等，2002）。

（2）抗病毒植物抑制病毒的繁殖，因而极大地限制了植株间病毒感染的流行病。如果病毒感染植株，进入植物染色体的一个病毒基因的一个片断可致使病毒沉默。病毒在植株内的正常繁殖被关闭，变得沉默。对病毒活性的这种沉默机制进行了广泛的调查，现在对此有了很好的了解。这种沉默机制的实际优势是，通过遗传工程培育的抗病毒植物不需要含有任何病毒蛋白质。在任何情况下，无论它们是否含有少量病毒蛋白质，或者不含有任何病毒蛋白质，它们能够使在植株内繁殖的病毒数量减少到最低限度，从而减少存在于食物中的病毒蛋白质总量。发生在作物中使对病毒病产生抗性的病毒繁殖总量被大大减少。就其对更安全、更好食物的影响而言，这几乎是不言而喻的，但却是杰弗里·史密斯似乎没有理解的一点。

病毒沉默可导致作物中病毒繁殖总量减少，从而阻碍了新病毒类别的演变。当病毒在田间大量生长的植株中进行复制的期间，数量众多的病毒颗粒得以形成，正是这些数量众多的病毒颗粒及其遗传材料为新病毒的演变提供了机会。这为两种不同的病毒提供机会去感染同一植株（Achon 和 Alonso-Duenas，2008；美国农业部—动植物卫生检疫局，2007）。当两种不同的病毒偶然感染植物时，它们彼此可交换基因。通过阻止病毒性传染病，抗病转基因植物使病毒彼此之间交换基因的机会减少到最低限度（Fuchs 等，1998；Fuchs 和 Gonsalves，2007；Gonsalves，1998；Hoekema 等，1989；Lawson 等，1990，Ling 等，1991）。

（3）田间栽种抗病作物的多年实践经验表明，许多理论问题并不是真实的环境问题。大量的科学工作都致力于评估与抗病毒作物相关的环境问题。对于这一有关食用作物中的病毒及其环境安全的科学知识，《准基因大赌局》给予的篇幅实在是太少了。

例如，《转基因大赌局》不提 Nieves Capote 和同事们在西班牙李子园进行了为期 8 年关于蚜虫与病毒的研究工作。他们的研究对植物病毒在转基因抗病毒李子和在非转基因李子里是如何行为的进行了比较。Capote 和同事们得出的结论是，就新病毒种类的风险或病毒和蚜虫群体随时间而发生的改变而言，转基因和非转基因植物非常相似（Capote 等，2008）。

史密斯没有提到的另一项研究是，美国科研人员 Klas 和 Gonsalves 及同事们（Klas 等，2006）花费了两年时间查看在商业种植的转基因和非转基因西葫芦作物中，由蚜虫传染的小西葫芦黄化花叶病毒和西瓜花叶病毒的传播情况。他们故意让这些植物受到来自邻接试验地里被感染作物的严重病毒感染，这样就能对田间植株间病毒的传播情况进行评估。所有这些转基因植物的果实没有出现什么症状，而且质量非常好，但是大多数非转基因西葫芦的颜色发生改变，果实畸形，没有多大的市场价值。Klas 和同事们能够证明，转基因抗病毒植物不在植株间传播病毒。

许多转基因抗病毒植物都产生一种病毒包装的蛋白质。这一种包装蛋白质有可能去包装一个不同种类的病毒以袭击转基因作物，而重新包装可能引起环境问题。例如，有一些病毒不能由蚜虫传播，但不同种类的其他病毒则能由蚜虫传播，而被传播的这种能力是由病毒的包装外壳来决定的。如果一种不能由蚜虫传播的病毒进入能够产生帮助蚜虫传播的外壳蛋白质的转基因作物，这种病毒就可能获得感染植物的新路径。

幸好，从事转基因抗病毒作物研究的科学家们很早以前就认识到这个可能产生的问题了。这个问题一直是很多调查的重点，其目的是探求这是否是一个真实的问题。史密斯不提 Fuchs、Klas、Gonsalves 和他们的同事们十多年前进行的实验，他们的实验表明这种由病毒辅助的传播不是非常有效，也不会引发感染的流行病（Fuchs 等，1999；Fuchs M，Klas FE，Mcferson JR，Gonsalves D，1998）。这种传染不是非常有效和不引发流行病的一个原因是，再包装不提供由蚜虫传播的显著能力，因为病毒得不到这一能力的基因遗传，得到的只不过是其外壳蛋白质而已（Teper，2002）。

史密斯提出了这种可能性，即抗病毒植物可能会通过把新病毒包装在一种新的蛋白质里而有助于传播它们。但是，他只字不提为了解决这个问题，科学家开展了大量的科学工作，通过研究这些作物来证明他所提到的问题并没有发生。

在法国的一处葡萄园，Emmaunelle Vigne 领导的法国科研人员对葡萄藤扇叶病毒进行了研究。这是一种由线虫幼虫通过葡萄园传播的病毒。他们研究了表达这种病毒外壳蛋白质的转基因葡萄藤。Emmanuelle Vigne 对葡萄园里的病毒感染情况进行了比较，这些葡萄园不是栽种了抗病毒的葡萄藤砧木就是栽种了病毒敏感的非转基因葡萄藤。他们的研究没有为史密斯所提及，他们的研究表明在为期 3 年的实验期间，转基因葡萄藤没有产生能够达到任何可检测水平的新葡萄藤扇叶病毒，即重组型病毒，也改变这些葡萄园中病毒群体的多样性。这项研究专门针对史密斯提出的问题，发现他想象出来的那些问题没有发生过（Vigne 和 Komar 等，2004；Vignette Bergdoll 等，2005）。

加利福尼亚的科学家们对来自小西葫芦、直脖西葫芦和弯脖黄西葫芦的病毒进行了谨慎的调查。这些都被称之为葫芦科植物，都受到一种名为黄瓜花叶病毒的感染，这种病毒可感染范围很广的各种作物。黄瓜花叶病毒易感植物存在于大约 365 种不同属的植物之中，这种病毒对粮食生产造成很大的经济损害。对于在加利福尼亚的病毒易感葫芦科植物、具有对几种不同病毒抗性的转基因葫芦科植物以及非转基因葫芦品种中传播的大量黄瓜花叶病毒，这些科学家进行了实地调查。他们发现，能够感染转基因抗病毒西葫芦的黄瓜花叶病毒变异株，在培育出转基因抗病植物之前就在加利福尼亚存在了。因此，猜想出来的新病毒变异株在转基因西葫芦的引进之前就已经存在了，而史密斯却假设转基因抗病植物将在田间群体引发流行病。转基因植物将不会引起史密斯所猜想的新型西葫芦科植物疫病的产生，因为它们业已存在（Lin 等，2002）。《转基因大赌局》不提这项调查，但是它表明史密斯认为重要的担心其实是毫无根据的。

在多年来大规模抗病毒木瓜的种植中没有出现一个史密斯想象出来的问题（Fuchs 和 Gonsalves，2007）。西葫芦、木瓜、李子和葡萄藤都是抗病毒作物成功种植的实践事例，而史密斯却只字不提。科学文献报告了许许多多年来实验室和实地的调查研究，这些调查研究都说史密斯担心的问题并不存在，要不然就是实际上并不重要。史密斯没有引用任何一项这类科学文献。他感兴趣的只是问题的理论论断，而不是其解决办法。

（4）在田间与抗病作物打交道的 20 年期间，没有发生疫病抵抗力衰竭，而要求使用杀虫剂来防治病毒媒介。史密斯推测，抗病毒作物的种植将使新的病毒产生，导致增加使用农药来防治由于依赖抗病毒植物所致的设想的新病毒流行病。关于这一推测的问题是，实际上并没有观察到新的病毒流行病。要记住，之所以引进抗病植物，正是因为病毒流行病是造成粮食生产重大损失的真正现实问题。抗病毒木瓜和抗病毒西葫芦的引进，阻止了新爆发的病害，还使为了防治由病毒造成的害虫爆发所需的杀虫剂用量减少到最低限度。史密斯没有谈论关于省去杀虫剂喷洒的问题，而是去谈论所预测的今后将会出现的假设疫病暴发，而这在与抗病作物打交道的多年中从未发生过。看来，他似乎是在设法分散人们的注意力，不去注意使用抗病作物带来的非常实在且有益于环境的成果。抗病作物阻止病毒爆发，并免除了用杀虫剂来防治病毒病携带者的必要（Fuchs 和 Gonsalves，2007；Gonsalves，1998）。

（5）转基因抗病植物不带来新的风险。《转基因大赌局》推测，含有病毒 DNA 的转基因植物可能会使新的病毒感染植物，并让新的病毒发生演变。它只字不提新病毒的演变能够轻易发生在非转基因植物中。其演变至少能够以两种方式发生：①植株能够从使其感染的病毒中捕获基因，并在植物染色体内携带这些捕获的基因。然后，这些捕获的基因能够与感染该植株的其他病毒进行交换，正如史密斯想象转基因病毒基因可能会做的那样。②植株能够受到两种不同病毒的感染，在混合感染的情况下，两种不同的病毒彼此能够交换基因。

许多不同种类的病毒 DNA 由植物染色体携带，为新病毒的演变提供机会。这是第一种机制（Harper 等，2002；Tanne 和 Sela，2005）。前文在解释这种机制时提供了一个事例，即某些葡萄藤从它们捕获的病毒基因中产生一种病毒蛋白质（Tanne 和 Sela，2005）。另一个事例是，烟草植株带有被认为是提供保护植株不受疾病感染的大量病毒复制品。换句话说，其行为方式与转基因病毒片断的行为方式完全一样，只不过这种情况是发生在自然进化的过程中，还没有受到监管机构的安全评估（Mette等，2002）。尽管如此，植物染色体中病毒基因片段的这些天然的 DNA 插入物看来没有引起什么问题。

新病毒产生的第二种方式是一株植物受到两种不同的病毒感染。植物混合病毒感染在大田种植的作物中十分常见（Achon，Alonso-Duenas，2008；Tepfer，2002）。因不同类型病毒间交换基因而产生的病毒进化已经出现在大田作物中。就进化而言，转基因作物带来的是一种新的风险问题。

（6）监管机构和科学家们对抗病毒作物的安全进行了广泛的评价，并制定出确保抗病毒作物安全性的战略。对于生物学家和植物育种者来说，抗病植物的遗传工程是一个令人激动的重大事件。发现通过把病毒基因的一个 DNA 版本插入植物染色体，可阻止病毒引起疫病，科学家对这一发现的影响进行了广泛的讨论。这种 DNA 能使病毒活性沉默的机制，一直是所有生物学家极为感兴趣的，它导致了关于动植物和人类如何保护自己免受寄生 DNA 和病毒侵袭的惊人发现。对于认识被称之为使 RNA 沉默的基因活性沉默即 RNA 干预的一个特殊系统的来说，这项研究工作事其中的一个组成部分（Tepfer，2002）。关于病毒基因插入植物染色体的影响如何，一直有激烈的辩论，不过含有病毒基因的转基因植物的可能影响已得到充分的探究。政府机构谨慎地关注这个主题，制定出了确保这种植物安全性的政策和条例规定（美国农业部—动植物卫生检疫局，2007）。科学界现在认识到，最初关于这对作物育种来说在环境上是否是可操纵方式的担心被夸大了（Fuchs，Gonsalves，2007）。杰弗里·史密斯重复这些被夸大了的早期担心，却不告诉读者如何去获知关于这一主题的科学知识的当前论述。

另见：

2.4 开启转基因活性的基因开关区可能只是开启其他基因的表达，而不是改变染色体的其他不极可能的遗传事件。

3.9 抗病作物不引起人类疾病

5.9 肠道内病毒基因的转移

第7章

转基因食品添加剂是安全的

《转基因大赌局》是杰弗里·史密斯的第二部著作，他在其中控诉了生物技术农业的弊端。在第7章中，我们将对他书中的内容和公开发表过的科学论文进行比较。

7.1 rBST 处理后的牛奶与传统牛奶是一样的

rBST 处理获取的牛奶与传统方法制得的牛奶的成分、营养价值以及安全状况是无差别的。

💡 《转基因大赌局》的虚假言论：

rbGH 牛奶会增加饮用者患癌症和其他疾病的概率。

（1）在美国等国家，孟山都公司的用转基因技术制得的牛生长激素被注射入奶牛体内，用于提高产奶量。

（2）经 rBST 处理的牛奶中 IGF-1 含量高于普通牛奶，而 IGF-1 被认为是会导致胸腺癌、前列腺癌、结肠癌、肺癌等疾病的一种高风险激素。

（3）经 rBST 处理的牛奶营养价值较低、抗生素含量较高，并且含有较多的受感染牛乳房中的脓水。

> 《转基因大赌局》断定，使用 rBST（牛生长激素）刺激牛奶产量的做法可能会产生致病牛奶。

经过同行评议的研究分析表明：

利用 rBST 增加奶牛产奶量的做法似乎引起了许多人对科学的曲解和舆论的恐慌——远多于在其他食品领域基因工程技术应用所造成的负面影响。市面上许多书籍旨在蒙骗与误导大众。这样的宣传已经到了很严重的程度，以致于一群优秀科学家联合发表声明，澄清科学事实，揭露杰弗里·史密斯和其他人关于 rBST 处理牛奶的荒诞说法。（参见 http：//blogs. das. psu. edu/tetherton/2008/03/24/milk-let-the-buyer-the-environment-and-the-cow-beware/）rBST 处理的奶牛产出的牛奶中 IGF-1（类胰岛素 1 号增长因子）含量并不比传统牛奶多。它并不包含抗生素，与传统牛奶具有相同的营养价值。简而言之，史密斯没有做出基于科学证据的论断。监管机构在批准 rBST 用于奶牛之前已经确认其安全性和营养价值与其他牛奶一样。rBST 的使用有利于环境保护，因为此方法用更少的食料、土地与奶牛就可以产出同样数量的牛奶。此外，禁止对有机奶牛使用抗生素的条令使得奶农们不敢对奶牛使用抗生素，因为在使用抗生素之后奶牛就不能够再用于生产有机奶。这就导致本可治愈的奶牛往往要遭受不必要的痛苦。令人担忧的是，供人食用的牛奶本来就不可能含有抗生素，这也就意味着奶农们可能理所当然地在不经他人知晓的情况下对生病的奶牛使用抗生素。

（1）经 rBST 处理的牛奶 IGF-1 含量并不比传统牛奶的多。IGF-1 是一种类激素类小分子蛋白质，具有很多可影响人体健康的生理功能。史密斯断言，rBST 处理过的牛奶比一般牛奶多含 10％的 IGF-1。且不论增减 10％的 IGF-1 服用量是否会影响到人体健康，近期的研究表明经 rBST 处理牛奶的 IGF-1 含量并不多于传统牛奶（Vicini 等，2008）。有趣的是，有机牛奶的 IGF-1 含量还比传统牛奶低将近 10％。虽然这背后的原因还尚未查明，可以确定的是有机牛奶所使用的巴氏杀菌技术可以使 IGF-1 失活。同样有趣的是，营养贫瘠的奶牛生产的奶中 IGF-1 偏低。另外，目前没有任何研究证实现在市面上牛奶中的 IGF-1 会对人体产生不良影响。实验研究中出现的 IGF-1 引起的不良影响是在给动物口服大量 IGF-1 时产生的，而这浓度远比人类从膳中摄取的 IGF-1 含量高得多。众所周知，膳食中摄取的 IGF-1 大多被消化道所分解，仅有极小部分会被人体吸收。Vicini 等人提到"谨慎起见，我们需指出，被吸收的 IGF-1 仅占人体每天合成的 IGF-1 含量的 0.003％"（Vicini 等，2008）。人体血清中的 IGF-1 浓度为 42～308 纳克/毫升（美国食品药品管理局，1993，同见 http：//en. wikipedia. org/wiki/IGF-1）——这一水平远比牛奶中的 IGF-1 含量（3 纳克/毫升）要高很多，但没有任何证据能证明 IGF-1 会致病。这已被许多公开发表的论文和监管机构文件解释地很清楚，却均未被《转基因大赌局》提及。

（2）经 rBST 处理的牛奶营养与传统牛奶一样。对其化学成分的研究表明两者的营养价值没有差别。这不足为奇，因为监管部门在批准使用 rBST 之前就对其营养成分做过检定（FDA，1993）。史密斯本该了解这个显而易见的结论，但他选择了引用那些研究结果有争议的论文的结论，或者仅引述反对 rBST 的激进分子的言论，同时避开客观事实不谈。

（3）经 rBST 处理的牛奶不含抗生素。监管机构要求——如果对奶牛使用抗生素，那么用药奶牛将不得用于产奶，已产出的奶也要被弃置。在产奶与配送的诸多环节中，所有的牛奶都将经历数次抗生素检查，以保证牛奶中无任何抗生素。这样一来就避免了人体接触低含量抗生素，进而产生抗药性微生物的可能。这同样保证了受抗生素"感染"的牛奶不会进入食物链中。另外，发酵乳制品生产者还要确保牛奶中不含抗生素，因其会在生产过程中杀死用于发酵的微生物。牛奶中的抗生素会妨碍酸奶、脱脂牛奶、黄油、奶酪、干酪及其他发酵乳制品的生产。

（4）监管机构并非在受到强大压力或贿赂之下的情况下批准 rBST 的应用。史密斯引用了自己之前的一个未经证实的论断，即孟山都公司试图贿赂加拿大监管机构，以及美国药监局是在市场压力之下批准 rBST 应用的。然而这并无任何证据——如果有，必定有人检举。监管机构面临的真正压力来自于完全没有事实基础胡乱评价的激进分子们，而不是乳制品行业。《转基因大赌局》就是藐视证据与逻辑的一个例子。值得注意的是，加拿大监管机构曾对 rBST 产生严重误解（美国药监局，1999）。而 rBST 的确在加拿大、部分欧盟国家、澳大利亚和新西兰被禁止使用；需要指出的是，这些禁令使得牛奶的供给过量导致全球奶价走低，减弱了业界对提高产奶量的积极性。这些政策鼓励低效生产，并造成了环境危害。（参见第 5 点）

（5）rBST 保证了高效生产并有利于环境保护。由于经 rBST 处理的奶牛产奶量高于一般奶牛，生产效率得以提高，我们只需更少的奶牛用于产奶（Vicini 等，2008；Fetrow 和 Etherton，2008）。这不仅帮助农民以更低的成本产奶，还有利于环境保护。这一过程耗费更少的饲料和土地，产出更少的排泄物，从而减少温室气体的排放。大部分消费者可能都以为有机农业对环境有利，但事实完全相反——制造有机牛奶的过程是低效的（ARGOS，2008）。更重要的是，当病牛急需的抗生素被禁止使用时，生产状况可能更加恶化。奶农们知道如果对病牛使用抗生素，它们将永远不能用于生产有机奶。因此，他们很可能坚持让病牛们产奶，而不给它们服用抗生素，直到它们无药可医，尽管禁用抗生素并无有力的证据支持。需要注意的是，要完全发挥 rBST 的作用，一方面奶牛的健康状况要很好，另一方面需要高质量的粮草。因此我们猜测，经 rBST 处理的奶牛生存状况比食用有机粮的奶牛要好。

7.2　rBST 不会增加孕妇生双胞胎的概率

rBST 处理过的牛奶不会使孕妇怀双胞胎的概率升高。

《转基因大赌局》的虚假言论：

rbGH 处理过的牛奶可能导致双胞胎出生率的增大。

1. 高 IGF-1 含量导致高双胞胎出生率。

2. 由于饮奶者体内的 IGF-1 随之升高，她们生育双胞胎的概率更大。

3. 注射牛生长激素的牛产出的牛奶 IGF-1 含量较高。

4. 饮用 rbGH 牛奶使孕妇生育双胞胎的概率变得更大。

5. 美国双胞胎出生率是 rbGH 被禁用的英国的两倍。《转基因大赌局》认为，由于经 rbGH 处理的牛奶含有更高的 IGF-1 浓度，饮用此类牛奶的孕妇更容易生双胞胎。

经过同行评议的研究分析表明：

《转基因大赌局》沿用了科学文献中提到的说法，即 IGF-1 浓度与怀双胞胎的概率呈正比。这一结论也被多方证实。但史密斯认为，因为 rBST 处理牛奶的 IGF-1 的含量较高，喝此种牛奶的孕妇将更有可能生双胞胎。据他所言，近 30 年间美国由于使用 rBST，双胞胎的出生概率提高了 32%；而对没有使用 rBST 的英国，这一比率是 16%。不过这里有一处根本的逻辑谬误。科学证实 rBST 处理过的牛奶与普通牛奶的 IGF-1 含量相差无几。史密斯的论断仅仅是加深了关于 rBST 牛奶 IGF-1 含量更高的错误认识。他的确提到双胞胎率的提高与体外授精和晚孕有关，但仍未能够对基因工程形成正确的认识。

（1）rBST 处理过的牛奶与普通牛奶的 IGF-1 含量相当。《转基因大赌局》提到血液中 IGF-1 浓度增加会导致怀双胞胎的概率增加（Steinman，2006）。史密斯错误地断定经 rBST 处理的牛奶中 IGF-1 成分更高——事实上并非如此（Vicini 等，2008）。所以他整个论断都建立在一个错误的基础上。此外，还存在一些细节上的问题。比如说，rBST 的反对者谎称其使 IGF-1 浓度提高了 10%。我们现在知道这是不正确的。退一万步说，即使真是这样，这个数量的 IGF-1 也仅占人体 IGF-1 正常摄入量的很小部分。更重要的是，牛奶中的 IGF-1 含量比动物口服实验中对其产生影响的含量要小很多（见 7.1 小节；Goldstein 等，2006）。IGF-

1在肠道系统中被大量消化，只有少量被人体吸收。总之，《转基因大赌局》包含许多不实言论，而即使那是正确的，极小的 IGF-1 增加并不会影响双胞胎出生率。

（2）美国与英国的双胞胎率的差异不能证明与经 rBST 处理的牛奶有关。人口研究表明，30 年间美国胎儿为双胞胎的概率的确提高了 32%，英国的数据也确实是 16%。但是这种人口研究并不能够揭示这种差异的原因，因为这背后涉及多个因素。史密斯承认晚孕和体外授精都会导致双胞胎率的升高。同时还可能存在没有被提及的其他因素。为了准确找出其原因，研究人员需要比对英美两国产妇平均年龄、体外授精的比率、孕妇血液内 IGF-1 浓度及其他可能的因素。但是即便通过这种研究方法，也仅能找出最可能导致高双胞胎率的原因，而不能对其进行验证。若要证明诸如产妇年龄等因素对双胞胎率的影响，需要进行严格控制的对照实验。《转基因大赌局》避开了证明因果关系的科学方法，同时回避了最可能导致高双胞胎率的因素。他在毫无依据佐证的情况下对基因工程产品做出论断，再一次犯了"事后归因"的逻辑谬误。

7.3　美国药监局批准的食品添加剂是安全的

美国药监局批准的食品添加剂是安全的。

 《转基因大赌局》的虚假言论：

转基因微生物食品添加剂会对人体健康造成威胁。

（1）某些食品配料和添加剂是从转基因细菌、真菌及酵母菌提取而来。

（2）即使食物中没发现外源基因，转基因过程仍具一定危险性。

（3）转基因蛋白可能有害健康，其性质会有所改变或会与其他化合物发生非期望的反应。

（4）插入外源基因的过程可能扰乱微生物正常的基因表达。

《转基因大赌局》认为转基因食品制成的食品添加剂和配料可能会危害人体健康，因为基因工程可能会改变生产这些转基因食品的微生物的性质。

经过同行评议的研究分析表明：

《转基因大赌局》宣称，转基因微生物制成的化学制品、蛋白质、酶及其他物质可能是不安全的，因为当外源DNA转入微生物并植入DNA时可能产生可控范围外的不确定影响。的确，基因插入可能会导致变异，但事实上变异的微生物已被广泛地应用于药品、生化物质、食品配料及调味剂的生产。基因工程相比原来制造工业用微生物的方法更为精确，甚至比我们一直在食品行业应用的技术还要安全。事实上，转基因微生物产品一直被严格审查以确保其安全性，这一点在书中并没有向读者说明。史密斯没能举证出转基因微生物的危害，反而提出了大量不科学的假设性论点。他提出用ISP（冰结构蛋白，一种使冰激凌口感更细腻的添加剂）作为案例研究。而针对ISP提出的论点和此书其他的论点一样：扭曲了科学事实，列举了毫无科学依据的论据，同时引用了许多和他一样反对现代生物技术的人的观点。本文这部分证明了史密斯等人一味地、毫无逻辑地反对任何基因技术。

（1）转基因微生物经过精准的改良，它的安全性被充分鉴定后才可以用作生产食品配料等产品。史密斯认为DNA插入会造成预料之外的、有害的结果。之前我们在讨论植物转化时已解释过（详见2.6和2.9小节），虽然DNA插入的确会造成变异，但通过转基因技术产生的DNA变异、基因缺失、重排、不稳定的情况较少。这是因为科学家们会监控并选择那些非期望变化较少的微生物，而且现在的科技可以帮助研究者精确地定位DNA片段插入微生物染色体中的位置。史密斯要么不知道这事实，要么有意地避开它不谈。《转基因大赌局》没有提到用于食品生产的微生物在投市之前会受到极其严格的安全检查。通常这些微生物制得的产品是高纯度的，也正如本书所说，它们并不含有转基因细胞。有趣的是，欧盟相关规定中压根不认为这些产品是转基因产品。史密斯再次提到转基因产生了色氨酸中的有毒杂质，而这种错误的说法之前已被纠正过（见1.20小节）。他盲目地反对转基因生物，不管这一技术如何应用，他都会站起来反对。

（2）冰结构蛋白（ISP）可以安全食用。美国药监局同意了联合利华关于ISP在冰激凌中使用安全性的声明（美国药监局，2003）。将ISP加入冰激凌可以使其口感更顺滑，放入冰柜长时间后也不会产生粒状结晶物。研究表明，添加ISP的冰激凌比普通冰激凌更受人们欢迎。在没有任何实验依据的前提下，史密斯一味宣称基因插入会产生非预期影响，例如最终产品中的有毒杂质。但问题是，这种说法不仅无科学依据，甚至在现实生活中从未发生过。这些高纯度产品都在动物和人体试验过，以保证其安全性。《转基因大赌局》称，虽然ISP是人类饮食（来自北极鱼类，用于抗冻）的一部分，之前的人类食用证据并不能证明其无害，因为我们日后将会食用更多的 ISP。这种说法是正确的。为防止任何可能的不良影响，研究者们证实了 ISP 与任何已知过敏原或有毒蛋白都不具有相似性。ISP 是可消化的，同时它也不会使鱼类过敏症患者产生反应。更准确地说，患者血清内抗体并不与其反应，说明 ISP 不是鱼类过敏原。书中引用了乔·康明斯（毫无依据地反对转基因的一小部分人之一）的一个更滑稽的论点。康明斯说对鱼类过敏原的测试是有欺骗性的，因为鱼类过敏原与 ISP 毫无关系。乔，你说对了！实验表明 ISP 不是一种鱼类过敏原，所以它是安全的。不过康明斯犯了史密斯先前犯下的同样错误——他称 ISP 为"免疫学的定时炸弹"，因为它和史密斯之前提到的"豌豆过敏原"一样都经过糖化，这部分我们之前已讨论过（详见 1.18 节对 CSIRO 豌豆的论述）。需要重申的是，人体膳食中许多的蛋白质都是糖化的，只有极少的糖基化蛋白是过敏原。康明斯不了解并不奇怪，因为他是一名退休的真菌学教授，专门从事植物根部的真菌研究，一生只写过一篇公开发表的论文。他对生物技术和免疫学的了解甚少，但却与转基因植物、微生物势不两立。读者可以自己辨别哪一方更具有说服力，联合利华和药监局（以及撰写本文的两名教授），还是杰弗里·史密斯，一个盲目反对转基因技术、并以此牟取大量利益的人，以及他的同伴——对于免疫学无研究而错误指出 ISP 具有潜在过敏性的乔·康明斯。

美国药监局（2003）机构回函 GRAS GRN 000117 号通知，2003 年 4 月 17 日。在给联合利华的回函中，美国药监局食品配料安全办公室肯定了联合利华关于 ISP 是一种 GRAS 食品配料的说法。GRAS 的意思是通常认为安全；只有 GRAS 配料可以用于食品。

第8章
更好的营养对母婴有利

8.1 转基因食品对准妈妈们是安全的

准妈妈们可以放心地食用转基因食品。

 **《转基因大赌局》的虚假言论：**

孕妇食用转基因食品会对胎儿的健康造成危害。

（1）母亲饮食中极少量的物质都可能对胎儿产生负面影响。

（2）孕妇的饮食会影响胎儿的基因表达，从而影响到后代。

（3）转基因作物可能含有影响胎儿正常发育的物质，但至今没有实验对此开展充分研究。

转基因作物可能含有未经试验的能影响到胎儿的物质。

经过同行评议的研究分析表明：

史密斯正确地指出了胎儿对孕妇的饮食非常敏感，对某些毒素也比成年人们更敏感。于是他猜测转基因作物中微小的改变所带来的极少量的毒素也会对胎儿的生长发育造成较大影响。但他逻辑中缺少了一个重要环节，即没有证据或合理的科学理论能够证明转基因技术会产生这样的

214

毒素化合物——实际上，传统作物更可能含有未检测出的潜在有害物质。《转基因大赌局》提到，转基因作物对人体产生的改变可能通过表观遗传改造影响到数代人，但这种说法多半是没有经过证明的。避开那些已经完全证明转基因食品无副作用的动物实验不谈，我们发现史密斯又一次进行了毫无理论依据的推测。他自引了之前的言论作为依据，但其大多缺乏逻辑性和证据支持，而且他并未提及相关的科研结果——因为这些研究结果大多与他的言论相反。

（1）胎儿的生长对饮食很敏感，但是没有证据表明转基因作物会对胎儿健康造成影响。《转基因大赌局》指出了发育中胎儿的敏感性，这是正确的。在没有提供任何证据和逻辑推理的前提下，史密斯断言，转基因作物对胎儿很危险。他只叹息转基因食品对两代人作用测试的缺乏，却忽略了针对转基因作物开展的此类测试中没有发现任何的不良影响（Brake 和 Evenson，2004；Klllç 和 Akay，2008；同见 EFSA，2008）。

（2）表观遗传变化会影响到数代人这一说法是正确的，但是史密斯没能证明转基因作物会导致表观遗传变化。《转基因大赌局》提到表观遗传变化会导致病态、肥胖、糖尿病和癌症。书中接着断言，制造转基因作物的转化过程产生的变异会导致表观遗传变化。但史密斯没能证实这一论断。他还忽略了常规育种方法比转基因育种更易造成大量基因变异的情况（Parrott，2006；Rutgers，2006；Baudo 等，2006；Batista 等，2008）。可以预期，传统育种方法更容易产生表观遗传变化，但是目前还没有这方面的研究结果。

（3）用于证明史密斯论断的"其他因素"同样来自他之前提到的不足信的言论——在前文中它们是错误的，在这里也是。史密斯归纳出了"其他因素"，即一系列关于转基因作物对动物的影响方面的论断，这在前文已被提过。我们在前文中的分析已经指出这些论断是不足信的，即转基因作物并不会对动物产生不良影响。史密斯可能察觉到了自己言论的荒谬之处，便一笔掠过，转而批评美国环保局对农药的检查力度不够。他表示环保局的专家们并不能保证农药的风险评估可以防止婴幼儿的神经系统发展受到影响（我们认为这已经偏离主题了），并随之推论，既然总体而言环保局的做法缺乏证据或归因，那么对转基因作物也是如此。他不仅将转基因作物与农药相提并论，还力图证明前者更具危险性。这种看似聪明的做法实际是错误的。因为除了史密斯之外，没有人会将食物的毒性与农药同等看待。我们提醒大家，如果有人担心食物里的农药含量，则应该寄希望于转基因作物而不是有机食物，因为有机食物被允许使用农药，而转基因作物不会。毕竟转基因作物已经通过改变基因性状保证作物不受害虫侵食，因此是不需要农药的（详见 1.3、1.10、2.11、3.1 与 4.1 节）。

8.2 不含霉菌的食物更有利于婴儿健康

转基因食品对儿童是安全的。

《转基因大赌局》的虚假言论：

转基因食品对儿童的危害大于成人。

（1）毒素、过敏原或营养问题更易对儿童造成影响。

（2）他们饮用的牛奶更多，而这些牛奶可能是产自 rB-GH 处理过的奶牛。

（3）耐抗生素疾病的出现会对那些易复发感染的儿童造成重大影响。

儿童更加敏感，所以儿童食用转基因食品的危险系数更高。

经过同行评议的研究分析表明：

《转基因大赌局》向读者指出儿童比成年人更易过敏，因为他们幼小而生长迅速的身体对营养失衡、荷尔蒙与毒素更加敏感。而这所有的叙述之中缺少了证明转基因作物对儿童不利的任何证据。

从防止先天性缺陷和防癌的角度上讲，抗虫转基因 Bt 玉米实际上比受霉菌感染的玉米对胎儿、儿童及成人更加安全。史密斯完全地忽略了已被证实的基因改造对婴幼儿的健康益处。

与史密斯未经证实的论断恰恰相反，批准转基因作物上市前的安全评估会重点研究它们对成长期的小动物和包括孕妇在内的高风险人群的影响，以保证其不会产生任何不良反应。相反，常规作物并没有类似的安全性研究，因此它们相对存在更大的不可预期的风险。《转基因大赌局》一遍又一遍地提出错误的证据和逻辑，并避开指出其错误的文章不谈。在这节中，史密斯重述了前文中的谬误，又另外提出，一些不存在的疾病对儿童的危害比对成人更大。当然，如果这些疾病真的存在，的确会对儿童造成更大影响，但是它们并没有出现，因而不会造成真正的危害。

转基因是轮盘赌吗

（1）抗虫玉米保护胎儿不受菌类毒素的影响，从而防止先天性缺陷。Bt 蛋白可防止转基因玉米免受昆虫侵食，也就意味着转基因的玉米芯受到镰刀菌菌类的损害较小（Bakan B 等，2002；Hammond 等，2003；Munkvold 和 Hellmich，1999）。镰刀菌可以在玉米体内产生一种名为伏马菌素的危险致癌物质。孕妇如果食用了含有伏马菌素的玉米，则会生出先天性椎骨背侧闭合不全的孩子（Hendricks，1999；Marasas 等，2004；Wild 和 Gong，2010）。幸运的是，受 Bt 蛋白保护的转基因玉米与非转基因玉米相比含有较低水平的伏马菌素（Bakan 等，2002；Hammond 等，2003；Munkvold 和 Hellmich，1999；Wu，2006）。如果准妈妈们按照《转基因大赌局》的说法行事，将会被其误导，因为它并没有传递正确的安全信息。

"转基因玉米相比传统玉米更加有利于健康……在实验中，伏马菌素含量最高的试样来自标有'有机'的产品。"

——绿色生物技术委员会，德国科学与人文学院联盟，见 www. abic2004. org/download/reportongmohazards. pdf.

（2）虽然儿童比成人更易受感染，这并不足以证明转基因作物对胎儿健康有任何的不良影响。儿童的确比成人更容易发生过敏反应（大约分别为 8% 和 2%），但没有证据证明转基因作物中的蛋白质会引发过敏反应。相反却有足够的证据和完整的数据证明其不是过敏原。与传统的食物过敏原（例如牛奶、果仁、花生、大豆、小麦、鸡蛋、鱼类、贝类、甲壳类、芝麻）不同，转基因作物均经过仔细分析，确保其不含有类似于其他作物中已知过敏原的蛋白质（参见 1.15、1.18、3.1、3.2、3.5 小节）。《转基因大赌局》还称，抗生素对儿童可能不管用，因为转基因作物中有抗生素耐药性基因。然而，众所周知的是，转基因植物中耐药性基因不会转移到肠道细菌中，更不会产生抗生素耐药性微生物（见 5.2、5.3 小节）。过量和错误地使用抗生素才是导致抗药性的最大原因，因为我们肠道中普遍存在耐药性微生物（这一点在其他章节中也反复申明过）。史密斯并不满足于提出转基因作物中含有耐药性基因的错误言论，还误称 rBST 处理过的奶牛比普通奶牛被注射更大剂量的抗生素（见 7.1 小节）。这显然不对。然而即使这是正确的，法律也不允许含抗生素的牛奶进入消费品市场。奶农有义务确保牛奶中不含抗生素。因此，关于抗生素激增的说法是错误的。

（3）儿童是否会接触到更多的转基因生物还是未知，不过经验表明，如果这是真的，将是一件好事。《转基因大赌局》声称，儿童会大量地接触到转基因生物，但目前没有定量证据证明其真实性。书中毫无依据地提出多种暴露渠道，例如转基因玉米中的淀粉会残留于婴儿体内。淀粉是食品中纯度最高的物质之一，它含有极少的蛋白质、DNA 和其他杂质。另外，从转基因玉米中分离出的淀粉与常规玉米中的淀粉化学结构完全相同。此书又提起在 7.1 小节中讨论过的问题，即经 rBST 处理过的牛奶对人体的影响。业内专家称，史密斯关于 rBST 的论述毫无科学价值。

（4）转基因作物的安全性研究会考虑孕妇、儿童和老人等高风险人群。史密斯称，安全评价通常以成熟动物作为实验体，而忽略了对幼体的考虑。这种说法明显是错误的。安全评价尤其重视转基因饲料及食品对动物幼体的影响（EFSA，2008）。更重要的是，由于没有任何科学原理可以证明转基因作物不如常规作物安全，认为儿童面临风险是不恰当的。

专业词汇

35S 启动子：欲使染色体中基因表达的性状在细胞体内发挥作用，该 DNA 编码的信息必须转化为信使 RNA（mRNA），随后再转变为有用的蛋白质。启动子的作用是帮助细胞了解基因被细胞转化为蛋白的时间和水平。如果一个基因没有启动子，该基因就不能为细胞所用。S35 启动子是一种特定的启动子，提取自一种能够感染花椰菜和大白菜等植物的病毒，即花椰菜花叶病毒（另见：RNA）。

花椰菜花叶病毒：花椰菜花叶病毒，简写为 CaMV。在很多经常食用的蔬菜中均有出现，例如花椰菜、西兰花和大白菜。人们在食用新鲜蔬菜时，会摄入数亿个花椰菜花叶病毒颗粒，但由于植物病毒不会感染人类，所以这种摄入不会产生不良影响。

化学诱变：用于农业、工业和制药的动物、植物和微生物都在通过育种和研究不断改良。对细胞进行遗传改良的一个重要方法是使用能够引起 DNA 变异的高活性化学物质。尽管多数变异会产生有害后果或者毫无用处，育种专家往往能够发现改良动物、微生物或作物植物的有益变异。很多变异的形成不涉及化学诱变，如将有机体暴露于紫外线的自然来源，例如阳光之下而产生的变异。

DNA：脱氧核糖核酸。DNA 是由脱氧核苷酸构成的较长分子。DNA 的这些组成部分通常用字母 A、G、T 和 C 来指代。DNA 往往包含两条独立的组成部分链条，因此为双链结构。双链 DNA 中链条的配对由各个链条中组成部分的性质决定。一个链条中的 A 与另一个链条的 T 配对，G 与 C 配对，很多容易断裂的 A - T 和 G - T 链接将两条 DNA 链条组合起来。总体结构类似一个螺旋梯子，A - T 和 G - C 链接为梯子上的台阶。这些梯子性状的组合双链盘绕在一起，形成一个盘绕的梯子，通常称为双螺旋（另见：RNA）。

dsRNA（双链 RNA）：见 RNA。

基因芯片（又称 DNA 微序列技术）：DNA 的一个重要能力是一个 DNA 链能够匹配另一个 DNA 链或具有互补核苷酸序列的 RNA 链（要清楚，A 与 T 结合，C 与 G 结合）。这种能力对于生物学家而言具有很多实用价值。其中之一便是可以使用固态基质（例如显微镜载玻片）携带很多不同的 DNA 片段或点，每个均由含有已知核苷酸序列的不同 DNA 单链构成。一个固态基质上的这些 DNA 片段序列被称之为基因芯片。这些 DNA 片段能够捕获特定的补充性 RNA，从而可以借此评估一个样本中很多不同信使 RNA 分子的水平。检测捕获 RNA 与基因芯片上不同基因的具体匹配情况可以让研究人员对一个组织或细胞样本中很多不同基因的活动进行同时跟踪。这种方法给生物学家提供了大量关于活生物体内的情况的新的信息。

mRNA：信使 RNA。见 RNA。

拟逆转录病毒：见逆转录酶病毒和拟反录病毒。

植物营养素：指很多在植物体内发挥特定作用，而对于人体健康的作用往往存在争议的种类繁多的复杂化合物。

质粒：质粒是很多细菌细胞携带的小型可选染色体。说起可选是因为细胞没有质粒也能存活，但质粒可能携带很多有用的性状。质粒也被称作染色体外 DNA，即不属于染色体的 DNA。质粒很容易从细胞中提取，并在实验室进行操作。通过给质粒附加额外的 DNA 并将扩大后的质粒重新引入活性细菌，研究人员可以将新的基因植入细菌，因为新引入质粒能够在细菌体内繁殖，并能进入细胞分化时产生的所有子菌。

启动子：能够启动基因活动，使其在细胞体内产生效果的基因启动区域。启动子是指信息通过基因开始转录的位置，RNA 信息是 H 基因影响生物体产生蛋白质能力的手段。

蛋白质：由氨基酸构成的大生物分子，氨基酸是动物和人类的重要营养成分。蛋白质中含有约 20 种不同类型的氨基酸。食物中含有很多不同的蛋白质，这些蛋白质经过肠道消化形成氨基酸，从而通过肠道壁为身体吸收。

逆转录酶病毒/拟反录病毒：病毒是蛋白质外壳包裹的小型基因组合，依赖细胞（例如，人体细胞可被某些病毒感染）进行复制，但在其生命周期中有一个阶段无需依靠细胞。这一独立的阶段称为感染性病毒颗粒，因其能够感染细胞（如果遇到了适当类型的细胞）并支持受感染细胞产生多份感染性颗粒。病毒根据其基因复制模式和病毒外壳内包含基因的性质可以分为几个大类。有一大类性质各异的病毒利用 RNA 存储感染性病毒颗粒的遗传信息，而其他很多类型的病毒利用 DNA 完成这一任务。很多 RNA 病毒在其生命周期的任何一个阶段都不会用到 DNA。逆转录酶病毒的特殊之处在于它们使用 RNA 存储感染性病毒颗粒的遗传信息，但在复制阶段却会形成一种 DNA 模式的信息。在其随后的生命周期内，该 DNA 被用于提供 RNA 转录的模板，在生成下一代病毒颗粒的时候进行包装。拟反录病毒是 DNA 病毒——也就是说，拟反录病毒的感染性病毒颗粒携带 DNA，但在其生命周期内遗传信息却通过一个 RNA 链条传导，与逆转录酶病毒的复制异曲同工。尽管名字相似，逆转录酶病毒和拟反录病毒却并无密切联系。另见 RNA。

RNA：RNAs（全称核糖核酸）通常是由核苷酸组成的较长（链条状）分子。RNA 核苷酸结合在一起构成 RNA 链，非常像由很多彩珠串成的一串项链。RNA 能够完成基因（存在于活体细胞之内）有效指导或修饰生物体行为所需的很多重要的反应。

RNA 由 DNA 组成，后者是决定 RNA "项链" 中 "彩珠"（核苷酸）排列顺序的模板。构成 RNA 的过程称为转录，而由 DNA 模板形成的 RNA 分子往往被称为转录体。RNA 转录体从一个称为启动子的 DNA 区域开始。RNA 链条中转录过程停止的位置是一个被称为 "RNA 终止信号" 的特殊结构。一类 RNA 被称为信使 RNA（mRNA），即 DNA 内存储信息被用于指导蛋白质结构的路径。其他类型的 RNA 存在于被称为核糖体的结构之中，核糖体是生产蛋白质的微型工厂。RNA 链条中的核苷酸 "彩珠" 能够识别其他 RNA 分子中的伙伴彩珠。这就会出现一种情况，即一个连接结构中两个不同的 RNA 分子链相邻存在，称之为双链 RNA（dsRNA）。dsRNA 参与很多不同类型的反应，能够调节甚至沉默基因活动。

RNA 干扰：所有动物和植物中都存在的通过一系列相关机制清除某些目标 RNA 分子，例如 RNA 信息的机制，可能会涉及很多导致信息沉默的小型 RNA 碎片。RNA 干扰是一种古老的细胞防御和调节机制。这一过程的结果是导致特定基因沉默，目前在研究中广泛用于停止特定基因的活动。

RNA 终止信号：见 RNA。

转基因：转基因是指通过有性繁殖以外的其他方式在两种不同有机体或品系之间转移或被转移的基因。此类转移的自然过程，有时被称作侧向或水平基因转移，由能够实现不同物种间 DNA 转移的病毒或细菌携带完成。物种间的低频率基因转移有多种不同的机制，例如不同物种的细胞偶然融合，或通过细菌将 DNA 植入植物细胞。汇集起来，或随着时间推移，这些机制造成不同类型生物体之间广泛的基因转移。近年来基因组学的发展表明，转基因在大多数谱系中，如果不是全部的话，都非常普遍常见。一般来说，转基因是指通过实验室操作刻意引入某种特定生物体内的基因。转基因可以通过其 DNA 序列识别，或通过其 DNA 序列对比相关物种系谱 DNA 相似模式的异常偏离加以识别。移动、寄生的 DNAs（例如转座子，以及水稻和谷子中发现的 MULE parasites）是粮食作物中最常见的转基因。

转座子：转座子，又名"跳跃基因"，是一段能够在细胞染色体内从一处移动到另一处的 DNA。转座子被视

225

作进化的主要动力，因为它们不但可以从一处跳到另一处，从而对一个细胞的基因进行遗传修饰，有时也能进行物种间的转移。